"十四五"职业教育国家规划教材

边做边学
After Effects
影视后期合成案例教程

第2版 | **After Effects 2020** | **微课版**

骆霞权 刘林玉 / 主编

吴勇刚 李国强 丁祥青 袁川晔 / 副主编

人民邮电出版社
北京

图书在版编目（CIP）数据

边做边学：After Effects影视后期合成案例教程：
After Effects 2020：微课版 / 骆霞权，刘林玉主编.
2版. -- 北京：人民邮电出版社，2025. --（职业教育
数字媒体应用人才培养系列教材）. -- ISBN 978-7-115
-67393-0

Ⅰ. TP391.413

中国国家版本馆CIP数据核字第2025DM2173号

内 容 提 要

本书全面、系统地介绍 After Effects 2020 的基本操作方法和影视后期制作技巧，内容包括 After Effects 2020 基本操作、应用图层、制作蒙版动画、应用时间轴制作效果、创建文字、应用效果、跟踪与表达式、抠像、添加声音效果、制作三维合成效果、渲染与输出及综合设计实训等。

本书以课堂实训案例为主线，通过案例的操作，读者可以快速熟悉案例的设计理念。通过软件相关功能的解析，读者可以深入学习软件功能；通过课堂实战演练和课后综合案例，读者可以提高实际应用能力。云盘中包含书中所有案例的素材及效果文件，有利于教师授课、读者练习。

本书可作为职业院校数字媒体艺术类专业 After Effects 课程的教材，也可供相关人员学习参考。

◆ 主　　编　骆霞权　刘林玉
　　副 主 编　吴勇刚　李国强　丁祥青　袁川晔
　　责任编辑　徐金鹏
　　责任印制　王　郁　焦志炜
◆ 人民邮电出版社出版发行　　北京市丰台区成寿寺路 11 号
　　邮编　100164　电子邮件　315@ptpress.com.cn
　　网址　https://www.ptpress.com.cn
　　三河市君旺印务有限公司印刷
◆ 开本：787×1092　1/16
　　印张：13　　　　　　　　　　2025 年 7 月第 2 版
　　字数：334 千字　　　　　　　2025 年 7 月河北第 1 次印刷

定价：59.80 元

读者服务热线：(010)81055256　印装质量热线：(010)81055316
反盗版热线：(010)81055315

前 言

　　After Effects 是由 Adobe 公司开发的影视后期制作软件，它功能强大、易学易用，深受广大影视制作爱好者和影视后期设计师的喜爱，已经成为影视后期制作等领域最流行的软件之一。目前，我国很多职业院校的数字媒体艺术类专业都将 After Effects 作为一门重要的专业课程。为了帮助职业院校的教师全面、系统地讲授这门课程，使读者能够熟练地使用 After Effects 进行影视后期制作，我们几位长期在职业院校从事 After Effects 教学的教师与专业影视制作公司经验丰富的设计师合作，共同编写了本书。

　　本书全面贯彻党的二十大精神，以社会主义核心价值观为引领，传承中华优秀传统文化，坚定文化自信，使书中内容更好地体现时代性、把握规律性、富于创造性。

　　根据职业院校的教学方向和教学特色，我们对本书的编写体系做了精心的设计。主要章按照"课堂实训案例—软件相关功能解析—课堂实战演练—课后综合案例"这一思路进行编排，力求通过课堂实训案例使读者快速熟悉影视后期设计理念和软件功能，通过软件相关功能解析使读者深入学习软件功能，通过课堂实战演练和课后综合案例提高读者的实际应用能力。

　　本书在内容编写方面，力求细致全面、重点突出；在文字叙述方面，注意言简意赅、通俗易懂；在案例选取方面，强调案例的针对性和实用性。

　　本书云盘包含书中所有案例的素材、效果文件和微课视频。另外，为方便教师教学，本书还配备 PPT 课件、教学大纲等丰富的教学资源，任课教师可登录人邮教育社区（www.ryjiaoyu.com）免费下载。本书的参考学时为58 学时，各章的参考学时参见下面的学时分配表。

前　言

学时分配表

章	课 程 内 容	学 时
第 1 章	After Effects 2020 基本操作	2
第 2 章	应用图层	6
第 3 章	制作蒙版动画	6
第 4 章	应用时间轴制作效果	6
第 5 章	创建文字	2
第 6 章	应用效果	10
第 7 章	跟踪与表达式	4
第 8 章	抠像	4
第 9 章	添加声音效果	2
第 10 章	制作三维合成效果	6
第 11 章	渲染与输出	2
第 12 章	综合设计实训	8
学 时 总 计		58

　　本书由骆霞权、刘林玉任主编，吴勇刚、李国强、丁祥青、袁川晔任副主编，参与编写的还有吴立知。由于编者水平有限，书中难免存在不妥之处，敬请广大读者批评指正。

编　者

2024 年 12 月

目 录

目　录

目 录

目 录

目 录

01

第 1 章
After Effects 2020 基本操作

本章对 After Effects 2020 的工作界面、影视后期的基础知识、文件格式、视频的输出设置等进行详细讲解。通过对本章的学习,读者可以快速了解并掌握 After Effects 的入门知识,为后面的学习打下坚实的基础。

课堂学习目标

- ✔ 熟悉 After Effects 2020 的工作界面
- ✔ 熟悉影视后期制作的基础知识
- ✔ 熟悉文件格式以及视频的输出设置

素养目标

- ✔ 培养动态视觉思维

1.1 After Effects 2020 的工作界面

1.1.1 【训练目标】

通过新建合成和导入命令熟悉菜单栏的操作方法。通过使用选取工具和文字工具，熟悉工具栏的使用方法。

1.1.2 【案例操作】

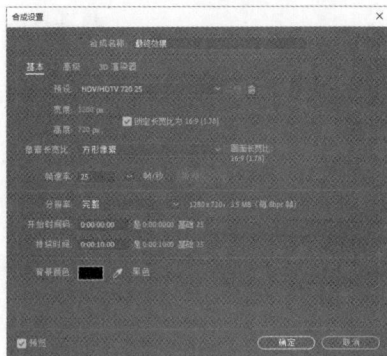

图1-1

步骤❶ 打开 After Effects 2020，选择"合成 > 新建合成"命令，弹出"合成设置"对话框，在"合成名称"文本框中输入"最终效果"，其他选项的设置如图 1-1 所示，单击"确定"按钮，创建一个新的合成"最终效果"。

步骤❷ 选择"文件 > 导入 > 文件"命令，弹出"导入文件"对话框，选择云盘中的"Ch01 > 儿童天地 >(Footage)> 01.avi"文件，如图 1-2 所示，单击"导入"按钮，导入图片到"项目"面板，如图 1-3 所示。

图1-2

图1-3

步骤❸ 在"项目"面板中选中"01.avi"文件，并将其拖曳到时间轴面板中，如图 1-4 所示。"合成"面板中的效果如图 1-5 所示。

图1-4

图1-5

步骤④ 选中"01.avi"图层,选择选取工具▶,按住 Shift 键的同时,向左下方拖曳左下方的控制点,缩放图像,并将其拖曳到适当的位置,如图 1-6 所示。"合成"面板中的效果如图 1-7 所示。

图 1-6    图 1-7

步骤⑤ 选择横排文字工具**T**,在"合成"面板的上方输入文字"儿童天地",选择"窗口 > 字符"命令,在弹出的"字符"面板中进行设置,如图 1-8 所示。"合成"面板中的效果如图 1-9 所示。

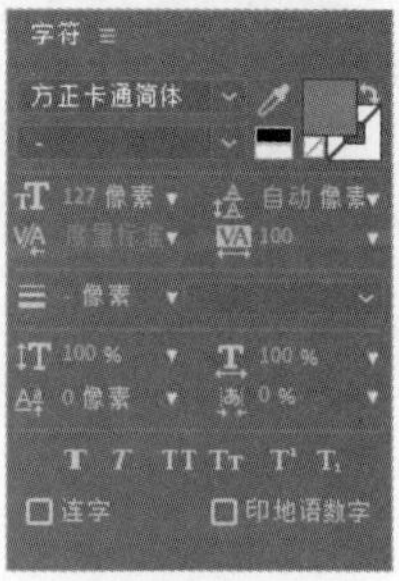

图 1-8    图 1-9

1.1.3 【相关知识】

1. 菜单栏

菜单栏几乎是所有软件都有的重要界面元素之一,它包含软件的全部功能命令。After Effects 2020 提供了 9 个菜单,分别为"文件""编辑""合成""图层""效果""动画""视图""窗口""帮助",如图 1-10 所示。

2. "项目"面板

导入 After Effects 2020 中的所有文件,创建的所有合成文件、图层等,都可以在"项目"面板中找到,并且可以在该面板中清楚地看到每个文件的类型、大小、媒体持续时间、所在路径等。选中某个文件时,可以在"项目"面板的上部查看对应的缩略图和属性,如图 1-11 所示。

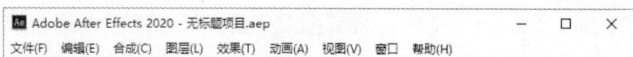

图 1-10   图 1-11

3. 工具栏

工具栏中包含经常使用的工具，有些工具按钮的右下角有三角形标记，说明其中含有多种工具选项。例如，在矩形工具▣上按住鼠标左键，会展开相应的工具选项，单击即可进行选择。

工具栏中的工具如图 1-12 所示，包括选取工具▶、手形工具✋、缩放工具🔍、旋转工具↻、统一摄像机工具📷、向后平移（锚点）工具▣、矩形工具▣、钢笔工具✒、横排文字工具T、画笔工具🖌、仿制图章工具🔖、橡皮擦工具◈、Roto 笔刷工具🖊、自由位置定位工具✦、本地轴模式工具🧍、世界轴模式工具🧍、视图轴模式工具🔲。

图 1-12

4. "合成"面板

"合成"面板可直接显示出素材组合经特效处理后的合成画面。该面板不仅具有预览功能，还具有控制、操作、管理素材，缩放面板，调整当前时间、分辨率、图层线框、3D 视图模式和标尺等功能，是 After Effects 2020 中非常重要的工作面板，如图 1-13 所示。

5. 时间轴面板

利用时间轴面板可以精确设置合成中各种素材的位置、时间、效果和属性等，可以进行影片的合成，还可以进行图层顺序的调整和关键帧动画的操作，如图 1-14 所示。

图 1-13

图 1-14

1.2 影视后期的基础知识

1.2.1 【训练目标】

通过调整照片的饱和度熟练掌握"效果控件"面板的使用方法。通过保存文件熟练掌握保存命令。

1.2.2 【案例操作】

步骤❶ 打开 After Effects 2020，选择"文件 > 导入 > 文件"命令，弹出"导入文件"对话框，选择云盘中的"Ch01 > 调整照片的饱和度 >（Footage）> 01.jpg"文件，单击"导入"按钮，导入图片到"项目"面板。在"项目"面板中选择"01.jpg"文件，将其拖曳到面板下方的"新建合成"按钮▣上，如图 1-15 所示，创建一个合成。

步骤❷ 按 Ctrl+K 组合键，弹出"合成设置"对话框，在"合成名称"文本框中输入"最终效果"，其他选项的设置如图 1-16 所示，单击"确定"按钮，完成设置。

图 1-15

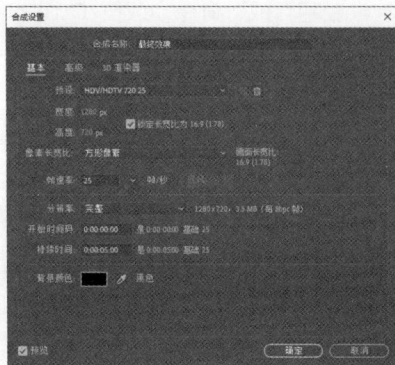
图 1-16

步骤③ 选择"效果 > 颜色校正 > 色相/饱和度"命令，在"效果控件"面板中进行参数设置，如图 1-17 所示。"合成"面板中的效果如图 1-18 所示。

图 1-17

图 1-18

步骤④ 选择"文件 > 存储"命令，在弹出的"另存为"对话框中设置文件保存路径，在"文件名"文本框中输入名称，如图 1-19 所示。单击"保存"按钮，保存文件。

图 1-19

1.2.3 【相关知识】

1. 像素比

不同规格的显示屏幕像素的长宽比(像素比)是不一样的。现代计算机的屏幕常采用像素比为 1 : 1

的方形像素；使用 D1/DV PAL（1.09）的像素比可以保证在电视上播放时，画面不变形。

选择"合成 > 新建合成"命令，或按 Ctrl+N 组合键，在弹出的"合成设置"对话框中设置相应的像素比，如图 1-20 所示。

选择"项目"面板中的视频素材，选择"文件 > 解释素材 > 主要"命令，弹出图 1-21 所示的对话框，在这里可以设置导入素材的透明度、帧速率、场和像素比等。

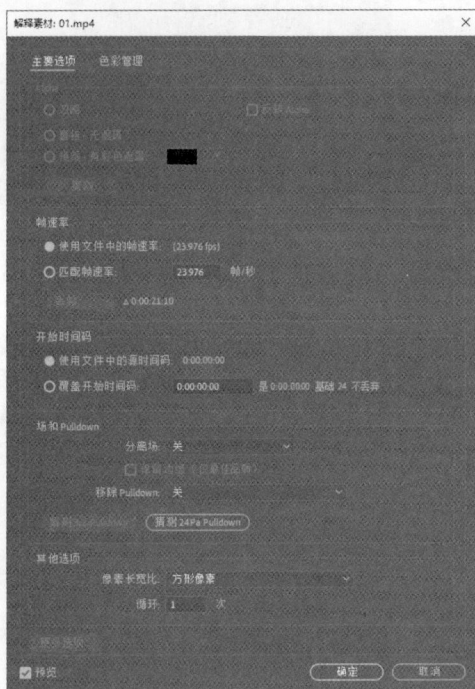

图 1-20   图 1-21

2. 分辨率

分辨率过大的图像在制作时会耗费大量时间和计算机资源，分辨率过小的图像在播放时清晰度不够，故应根据实际情况选择合适的分辨率。

选择"合成 > 新建合成"命令，或按 Ctrl+N 组合键，在弹出的对话框中进行设置，如图 1-22 所示。

3. 帧速率

PAL 制式电视的帧速率通常是每秒 25 幅画面，也就是 25 帧/秒，只有使用合适的帧速率才能流畅地播放动画。过高的帧速率会导致资源浪费，过低的帧速率会使画面播放不流畅从而产生抖动。

选择"文件 > 项目设置"命令，或按 Ctrl+Alt+Shift +K 组合键，在弹出的对话框中打开"时间显示样式"选项卡，如图 1-23 所示。

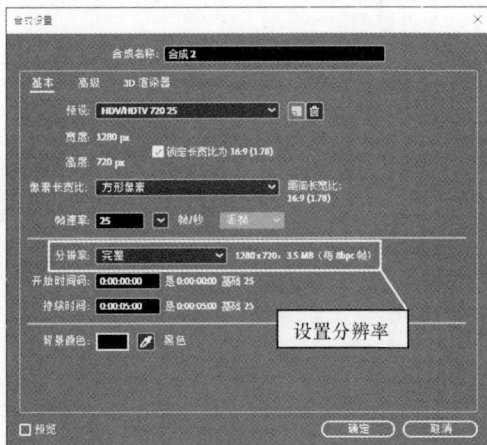

图 1-22

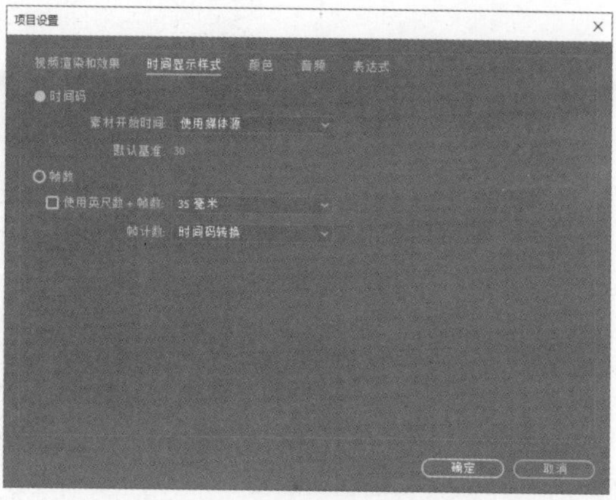

图 1-23

在"时间显示样式"选项卡中可以设置时间线的显示方式。如果要按帧制作动画，可以选择"项目设置"对话框"时间显示样式"选项卡中的"帧数"单选项。

也可选择"合成 > 新建合成"命令，在弹出的对话框中设置帧速率，如图 1-24 所示。

选择"项目"面板中的视频素材，选择"文件 > 解释素材 > 主要"命令，在弹出的对话框中可改变帧速率，如图 1-25 所示。

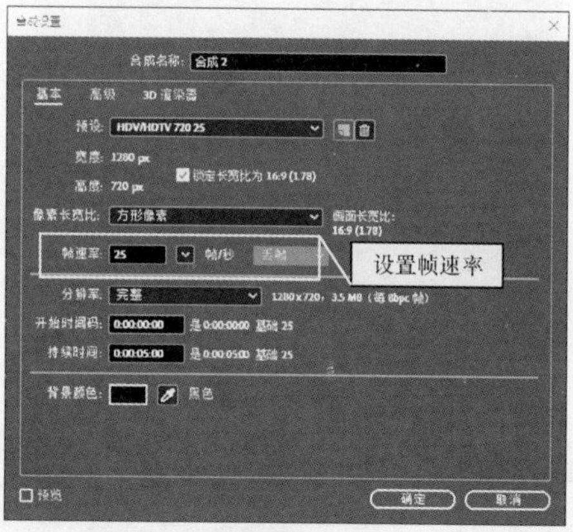

图 1-24

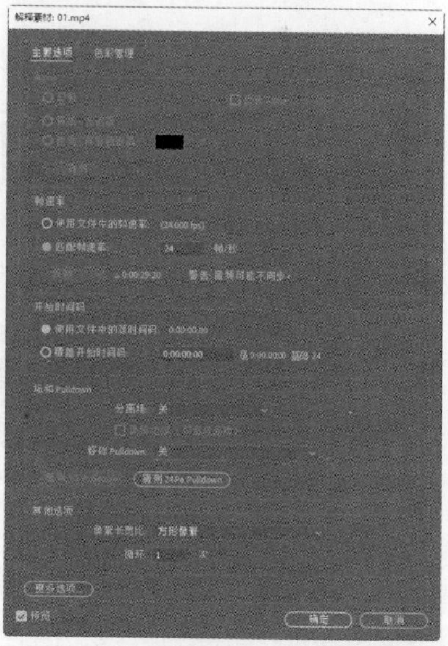

图 1-25

对于动画序列，需要将帧速率设置为 25 帧/秒；对于动画文件，则不需要修改帧速率，因为动画文件本身包含帧速率信息，并且会被 After Effects 识别，如果修改这个设置会改变原有动画的播放速度。

4．安全框

安全框限定了可以被用户看到的画面范围。安全框以外的部分在播放时不会显示，安全框以内的部分可以完全显示。单击"选择网格和参考线选项"按钮 ，在弹出的列表中选择"标题/动作安全"选项，可打开安全框查看可视范围，如图 1-26 所示。

图 1-26

5．场

场是隔行扫描的产物，扫描一幅画面时，由上到下扫描，先扫描奇数行，再扫描偶数行，两次扫描完成一幅画面。由上到下扫描一次叫作一个场，一幅画面需要扫描两个场。在扫描 25 帧/秒的图像时，需要由上到下扫描 50 次。

要在 After Effects 中导入有场文件，可以选择"文件 > 解释素材 > 主要"命令，在弹出的对话框中进行设置，如图 1-27 所示。

在 After Effects 中输出有场文件的相关操作如下。

按 Ctrl+M 组合键，弹出"渲染队列"面板，单击"最佳设置"按钮，在弹出的"渲染设置"对话框的"场渲染"下拉列表中选择输出场的方式，如图 1-28 所示。

图 1-27

图 1-28

6．运动模糊

运动模糊会产生拖尾效果，有助于提升观看时的流畅度，减少画面给人的闪烁感或抖动感，但这要牺牲图像的清晰度。

按 Ctrl+M 组合键，弹出"渲染队列"面板，单击"最佳设置"按钮，在弹出的"渲染设置"对话框中设置运动模糊效果，如图 1-29 所示。

7．帧混合

帧混合可以用来消除画面的轻微抖动；对于有场的素材，也可以用来抗锯齿，但效果有限。在 After Effects 中，帧混合的相

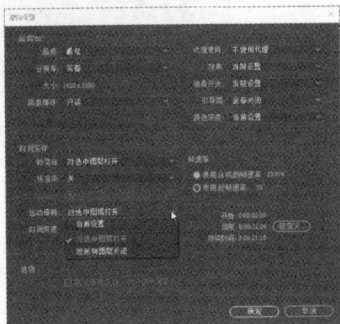

图 1-29

关设置如图 1-30 所示。

按 Ctrl+M 组合键，弹出"渲染队列"面板，单击"最佳设置"按钮，在弹出的"渲染设置"对话框中设置帧混合参数，如图 1-31 所示。

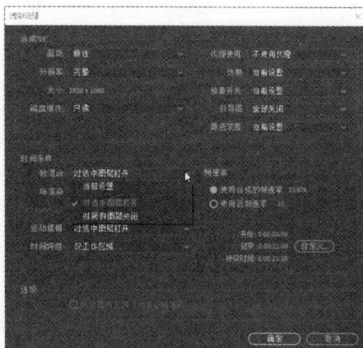

图 1-30 图 1-31

8. 抗锯齿

锯齿的出现会使图像显得粗糙、不精细。提高图像质量是消除锯齿的主要方法，但对于有场的图像，只能通过添加模糊效果、牺牲清晰度的方法来抗锯齿。

按 Ctrl+M 组合键，弹出"渲染队列"面板，单击"最佳设置"按钮，在弹出的"渲染设置"对话框中设置抗锯齿参数，如图 1-32 所示。

如果是矢量图，可以在时间轴面板中单击 ⬛ 按钮，一帧一帧地对矢量图重新计算分辨率，如图 1-33 所示。

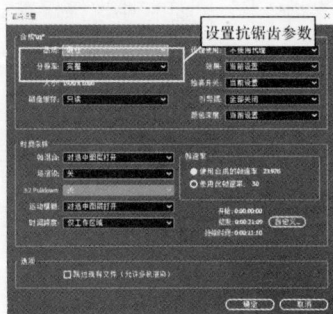
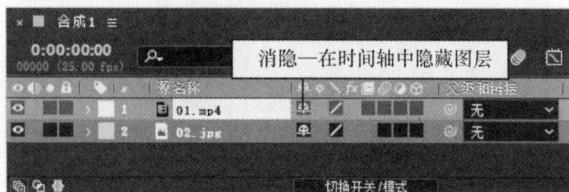

图 1-32 图 1-33

1.3 打开与输出不同格式的视频

1.3.1 【训练目标】

通过打开项目命令，熟练掌握打开文件的操作方法。通过输出文件操作，熟练掌握输出文件的操作方法。

1.3.2 【案例操作】

步骤❶ 打开 After Effects 2020，选择"文件 > 打开项目"命令，弹出"打开"对话框，选择云盘中的"Ch01 > 旅游广告 > 旅游广告.aep"文件，如图 1-34 所示，单击"打开"按钮，打开文件。"合成"面板中的图像如图 1-35 所示。

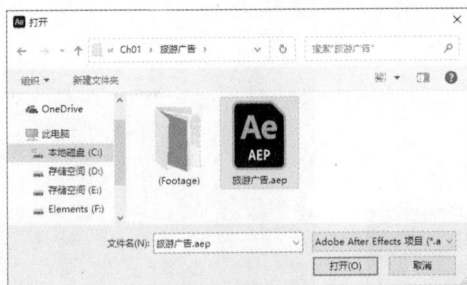

图 1-34

图 1-35

步骤② 选择"合成 > 添加到渲染队列"命令，打开"渲染队列"面板，如图 1-36 所示。

图 1-36

步骤③ 在"渲染队列"面板中单击"输出模块"右侧的"无损"文字按钮，在弹出的"输出模块设置"对话框中进行设置，如图 1-37 所示，单击"确定"按钮，完成设置。在"渲染队列"面板中单击"输出到"右侧的"最终效果"文字按钮，在弹出的"将影片输出到："对话框中选择保存文件的位置，如图 1-38 所示，单击"保存"按钮，完成设置。

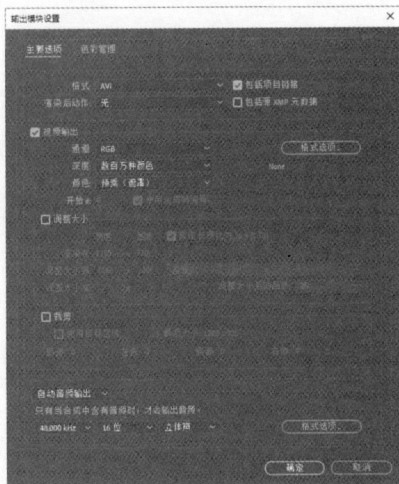

图 1-37

图 1-38

步骤④ 在"渲染队列"面板中单击"渲染"按钮，对文件进行渲染输出，如图 1-39 所示。找到指定的输出文件夹，可以看到输出后的文件，如图 1-40 所示，双击该文件，即可使用视频播放器进行播放。

图 1-39

图 1-40

1.3.3 【相关知识】

1. 常用的图像文件格式

（1）GIF 格式

GIF 格式是 CompuServe 公司开发的可存储 8 位图像的文件格式，支持图像的透明背景，采用无损压缩技术，多用于网页制作和网络传输。

（2）JPEG 格式

JPEG 格式是采用静止图像压缩编码技术的图像文件格式，是目前网络上应用较广的图像格式，支持不同的压缩比。

（3）BMP 格式

BMP 格式最初是 Windows 操作系统的画笔软件所使用的图像格式，现在已经被多种图形图像处理软件所支持和使用。它是位图格式，有单色位图、16 色位图、256 色位图、24 位真彩色位图等。

（4）PSD 格式

PSD 格式是 Adobe 公司开发的图像处理软件 Photoshop 所使用的图像格式，它能保留 Photoshop 制作流程中各图层的图像信息，越来越多的图像处理软件开始支持这种文件格式。

（5）TIFF 格式

TIFF 格式是一种可以存储高质量图像的位图格式。TIFF 格式与 JPEG 格式和 PNG 格式一样，受到业界的广泛欢迎。

（6）EPS 格式

EPS 格式可用于矢量图和位图，几乎支持所有的图形和页面排版程序。EPS 格式用于在应用程序间传输 PostScript 语言图稿。在 Photoshop 中打开其他程序创建的包含矢量图的 EPS 文件时，Photoshop 会对此文件进行栅格化，将矢量图转换为位图。EPS 格式支持多种颜色模式，还支持剪贴路径，但不支持 Alpha 通道。

2. 常用的视频文件格式

（1）AVI 格式

AVI（Audio Video Interleaved，音频视频交错）格式可以将视频和音频交织在一起进行同步播放。AVI 格式的优点是图像质量好，可以跨多个平台使用；缺点是文件过于庞大，且压缩标准不统一，因此经常会遇到高版本 Windows 媒体播放器播放不了采用早期编码编辑的 AVI 格式的视频，而低版本 Windows 媒体播放器又播放不了采用最新编码编辑的 AVI 格式视频的情况。

（2）DV-AVI 格式

目前非常流行的数码摄像机就是使用 DV-AVI（Digital Video AVI）格式记录视频数据的。可以通过计算机的 IEEE 1394 端口传输这种格式的视频数据到计算机，也可以将计算机中编辑好的这种格式的视频数据回录到数码摄像机中。这种视频格式的文件扩展名和 AVI 格式的一样，都是.avi，所以人们习惯叫它 DV-AVI 格式。

（3）MPEG 格式

MPEG 格式是运动图像的压缩算法的国际标准，它采用有损压缩方法，从而减少了运动图像中的冗余信息。MPEG 的压缩方法是保留相邻两幅画面绝大多数相同的部分，而把后续图像中冗余的部分去除。常见的 VCD、SVCD、DVD 就使用了这种格式。目前 MPEG 格式有 3 个压缩标准，分别是 MPEG-1、MPEG-2 和 MPEG-4。

MPEG-1：针对 1.5Mbit/s 以下数据传输速率的数字存储媒体运动图像及其伴音编码而设计的国际标准，也就是常见的 VCD 制式格式。这种视频格式的扩展名包括.mpg、.mlv、.mpe、.mpeg 及 VCD 光盘中的.dat 等。

MPEG-2：其设计目标为提供高级工业标准的图像质量以及更高的传输速率。这种格式主要应用在 DVD/SCVD 的制作（压缩）方面，在 HDTV（High Definition Television，高清电视）和一些高要求视频编辑、处理中也有应用。这种格式的文件扩展名包括.mpg、.mlv、.mpe、.mpeg、.m2v 及 DVD 光盘中的.vob 等。

MPEG-4：MPEG-4 是为了播放流式媒体的高质量视频专门设计的。它可以利用很窄的带宽，通过帧重建技术压缩和传输数据，以求使用最少的数据获得最佳的图像质量。MPEG-4 最有吸引力的地方在于它能够保存接近于 DVD 画质的文件量较小的视频文件。这种视频格式的文件扩展名包括.asf、.mov、.DivX 和.avi 等。

（4）H.264 格式

H.264 格式是由国际标准化组织/国际电工委员会（ISO/IEC）与国际电信联盟电信标准化部门（ITU-T）组成的联合视频组（Joint Video Team，JVI）制定的新一代视频压缩编码标准。在 ISO/IEC 中，该标准命名为 AVC（Advanced Video Coding），作为 MPEG-4 标准的第 10 个选项；在 ITU-T 中，该标准被正式命名为 H.264。

H.264 和 H.261、H.263 一样，也是采用 DCT 变换编码加 DPCM 的差分编码，即混合编码结构。同时，H.264 在混合编码的框架下引入新的编辑方式，提高了编辑效率，更贴近实际应用。

H.264 没有烦琐的选项，而是力求简洁地"回归基本"。它具有比 H.263++更好的压缩性能，又具有适应多种信道的能力。

H.264 应用广泛，可满足不同传输速率、不同场合的视频应用，具有良好的抗误码和抗丢包处理能力。

H.264 的基本系统无须使用版权，具有开放的性质，能很好地适应 IP（Internet Protocol，互联网协议）和无线网络的使用环境，这对目前在因特网中传输多媒体信息、在移动网中传输宽带信息等都具有重要意义。

H.264 标准使运动图像压缩技术上升到了更高的阶段，在较低带宽上提供高质量的图像传输是 H.264 的应用亮点。

（5）DivX 格式

DivX 格式是由 MPEG-4 衍生出的一种视频编码（压缩）标准，也就是通常所说的 DVDrip 格式，它在采用 MPEG-4 的压缩算法的同时综合了 MPEG-4 与 MP3 各方面的技术，即使用 DivX 压缩技术对 DVD 盘片的视频图像进行高质量压缩，同时使用 MP3 和 AC3 对音频进行压缩，然后将视频与音频合成并加上相应的外挂字幕文件。其画质接近 DVD 并且文件量只有 DVD 的几分之一。

（6）MOV 格式

MOV 格式是由美国苹果（Apple）公司开发的一种视频格式，默认的播放器是苹果的 Quick Time Player。它具有较高的压缩比和较高的视频清晰度等特点，但是其最大的特点还是跨平台性，不仅支持 macOS，而且支持 Windows 操作系统。

（7）ASF 格式

ASF 格式是微软为了和现在的 RealPlayer 竞争而推出的一种视频格式，可以直接使用 Windows Media Player 播放 ASF 格式的视频。由于它使用了 MPEG-4 的压缩算法，因此压缩比和图像的质量都较高。

（8）RM 格式

RM 格式是 RealNetworks 公司所制定的音频视频压缩规范，全称为 Real Media，用户可以使用 RealPlayer 和 RealOne Player 对符合 RM 技术规范的网络音频/视频资源进行实时播放，并且 RM 格式还可以根据不同的网络传输速率制定不同的压缩比，从而在低速率的网络上实时传送和播放影像数据。这种格式的另一个特点是用户使用 RealPlayer 或 RealOne Player 播放器时可以在不下载音频/视频内容的条件下实现在线播放。

（9）RMVB 格式

RMVB 格式是一种由 RM 格式升级衍生出的新视频格式，RMVB 格式的先进之处在于打破了原 RM 格式平均压缩采样的方式，在保证平均压缩比的基础上合理利用了浮动码率编码方式，即静止和动作场面少的画面场景采用较低的码率，以留出更多的带宽空间，而这些带宽会在出现快速运动的画面场景时被利用。这样在保证静止画面质量的前提下大幅提高了运动图像的画面质量，从而使图像画面质量和文件大小达到了巧妙的平衡。

3. 常用的音频文件格式

（1）CD 格式

目前音质最好的音频格式之一是 CD（Compact Disc）格式。在大多数播放软件的"打开文件类型"列表中都可以看到.cda 文件，这就是 CD 音轨。标准 CD 格式采用 44.1kHz 的采样频率、88kbit/s 的速率、16 位量化位数。CD 音轨可以说是近似无损的，因此它播放出的声音是非常接近原声的。

CD 光盘可以在 CD 唱片机中播放，也能用计算机中的各种播放软件来播放。一个 CD 音频文件是一个.cda 文件，这只是一个索引信息，并没有真正包含声音信息，所以不论 CD 音乐长短，在计算机上看到的.cda 文件都是 44 字节。

> **提示**
>
> 不能直接将 CD 格式的.cda 文件复制到硬盘上播放，需要使用 EAC 等抓音轨软件把 CD 格式的文件转换成 WAV 格式。如果光盘驱动器质量过关且 EAC 的参数设置得当，可以基本做到无损抓音轨，推荐大家使用这种方法。

（2）WAV 格式

WAV 格式是微软公司开发的一种声音文件格式，它符合资源交换文件格式（Resource Interchange File Format，RIFF）规范，用于保存 Windows 平台的音频资源，被 Windows 平台及其应用程序所支持。WAV 格式支持 MSADPCM、CCITT ALAW 等多种压缩算法，支持多种音频位数、采样频率和声道。标准格式的 WAV 文件和 CD 格式文件一样，也是 44.1kHz 的采样频率、88kbit/s 的码率、16 位量化位数。

（3）MP3 格式

MP3 格式诞生于 20 世纪 80 年代，MP3 指的是 MPEG 标准中的音频部分，也就是 MPEG 音频层。根据压缩质量和编码处理的不同可将 MPEG 音频层分为 3 层，分别对应.mp1、.mp2 和.mp3 这 3 种声音文件。

> **提示**
>
> MPEG 音频文件的压缩方式是有损压缩，MPEG-3 音频编码具有 1∶12～1∶10 的高压缩比，可基本保持低音频部分不失真，但是牺牲了声音文件中 12～16kHz 高频部分的质量来缩小文件的尺寸。

相同长度的音乐文件，如果用 MP3 格式来存储，文件大小一般只有 WAV 格式文件的十分之一，而音质次于 CD 格式或 WAV 格式的声音文件。

（4）MIDI 格式

乐器数字接口（Musical Instrument Digital Interface，MIDI）格式允许数字合成器和其他设备交换数据。MIDI 文件并不是一段录制好的声音，而是记录声音的信息，然后告诉声卡如何再现音乐的一组指令。一个 MIDI 文件每存 1min 的音乐只占用大约 5～10kB 的空间。

MIDI 格式主要用于原始乐器作品、流行歌曲的业余表演、游戏音轨以及电子贺卡等。MIDI 文件重放的效果完全依赖于声卡的档次。MIDI 格式最常用于计算机作曲领域。可以用作曲软件写出 MIDI 文件，也可以通过声卡的 MIDI 接口把外接乐器演奏的乐曲输入计算机，制成 MIDI 文件。

（5）WMA 格式

WMA（Windows Media Audio）格式的音质要强于 MP3 格式，它和日本 YAMAHA 公司开发的 VQF 格式一样，用减少数据流量但保持音质的方法来达到比 MP3 压缩比更高的目的，WMA 的压缩比一般可以达到 1∶18 左右。

WMA 格式的另一个优点是内容提供商可以通过数字权利管理（Digital Rights Management，DRM）方案（如 Windows Media Rights Manager 7）加入防复制保护。这种内置的版权保护技术可以限制播放时间和播放次数甚至播放的机器等，这对被盗版搅得焦头烂额的音乐公司来说是一个"福音"。另外，WMA 还支持音频流（Stream）技术，适合在线播放。

4．视频输出的设置

按 Ctrl+M 组合键，弹出"渲染队列"面板，单击"输出模块"右侧的"无损"文字按钮，弹出"输出模块设置"对话框，在这个对话框中可以对视频的输出格式及其编码方式、视频大小、比例以及音频等进行设置，如图 1-41 所示。

图 1-41

格式：在"格式"下拉列表中可以选择输出格式和输出图片序列，一般使用 TGA 格式的序列文件，输出样品成片时可以使用 AVI 格式或 MOV 格式，输出贴图时可以使用 TIF 格式或 PIC 格式。

格式选项：输出图片序列时，可以选择输出颜色位数；输出影片时，可以设置压缩方式和压缩比。

5. 视频文件的打包设置

一些影视合成或者编辑团队用到的素材可能分布在硬盘的各个地方，从而可能在另外的设备上打开工程文件时出现部分文件丢失的情况。如果要一个一个地把素材找出来并复制显然很麻烦，而使用"收集文件"命令可以自动把文件打包在一个目录中。

选择"文件 > 整理工程（文件）> 收集文件"命令，在弹出的对话框中单击"收集"按钮，即可完成打包操作，如图 1-42 所示。

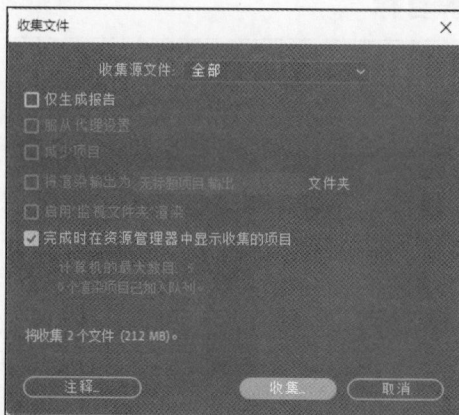

图 1-42

02

第 2 章
应用图层

    本章对 After Effects 2020 中图层的应用与操作做详细讲解。通过对本章的学习，读者可以充分理解图层的概念，并能够掌握图层的基本操作方法和使用技巧。

课堂学习目标

- ✔ 理解图层的概念
- ✔ 掌握图层的基本操作
- ✔ 掌握图层的 5 个基本变换属性
- ✔ 熟练掌握关键帧动画的制作

素养目标

- ✔ 提升视觉艺术审美力

2.1 制作文字飞入效果

2.1.1 【训练目标】

使用"新建合成"命令（快捷键：Ctrl+N）创建合成；使用"导入"命令导入素材，为文字添加动画控制器，设置相关的关键帧，制作文字飞舞效果；使用"斜面 Alpha""投影"命令为文字制作立体效果。最终效果参看云盘中的"Ch02 > 制作文字飞入效果 > 制作文字飞入效果.aep"，如图 2-1 所示。

图 2-1

2.1.2 【案例操作】

1. 输入文字

步骤❶ 按 Ctrl+N 组合键，弹出"合成设置"对话框，在"合成名称"文本框中输入"最终效果"，其他选项的设置如图 2-2 所示，单击"确定"按钮，创建一个新的合成"最终效果"。选择"文件 > 导入 > 文件"命令，在弹出的"导入文件"对话框中选择云盘中的"Ch02\制作文字飞入效果\(Footage)\ 01.jpg"文件，如图 2-3 所示，单击"导入"按钮，导入背景图片，并将其拖曳到时间轴面板中。

图 2-2

图 2-3

步骤❷ 选择横排文字工具 ，在"合成"面板中输入"秋 天丰收的季节"，在"字符"面板中设置填充颜色为黄色（R、G、B 值分别为 244、189、0），其他选项的设置如图 2-4 所示。"合成"面板中的效果如图 2-5 所示。

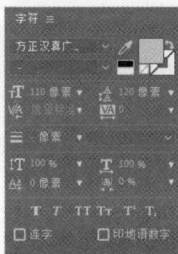

图 2-4

图 2-5

步骤❸ 选中"秋 天"，在"字符"面板中设置相关参数，如图 2-6 所示。"合成"面板中的效果如图 2-7 所示。

图 2-6　　　　　　　　　　　　　　　图 2-7

步骤❹ 选中文本图层，单击"段落"面板中的"居中对齐文本"按钮，如图 2-8 所示。"合成"面板中的效果如图 2-9 所示。

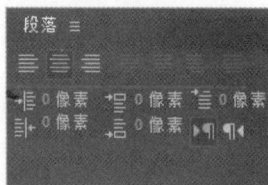

图 2-8　　　　　　　　　　　　　　　图 2-9

2. 添加关键帧动画

步骤❶ 展开文本图层的"变换"属性，设置"位置"数值为 626.0,182.0，如图 2-10 所示。"合成"面板中的效果如图 2-11 所示。

图 2-10　　　　　　　　　　　　　　　图 2-11

步骤❷ 单击"动画"右侧的 按钮，在弹出的列表中选择"锚点"选项，如图 2-12 所示。时间轴面板中会自动增加一个"动画制作工具 1"选项组，设置"锚点"数值为 0.0,-30.0，如图 2-13 所示。

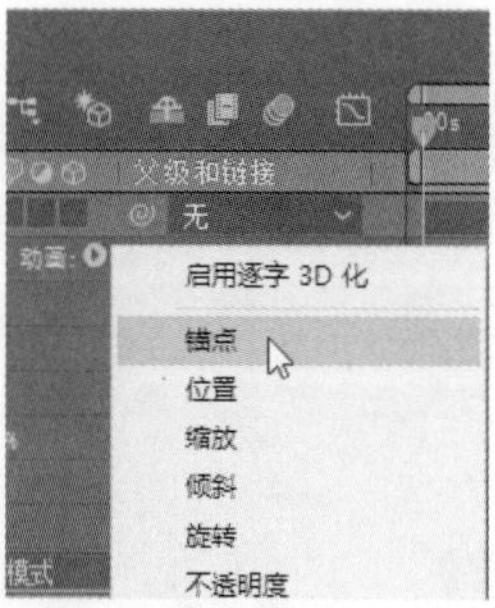

图 2-12

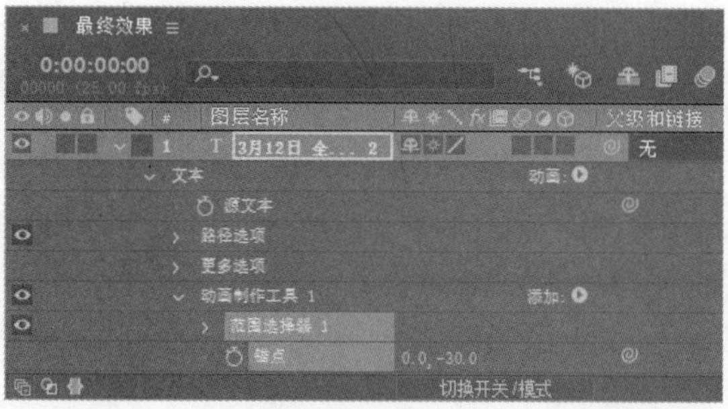

图 2-13

步骤③ 按照上述方法再添加一个"动画制作工具 2"选项组。单击"动画制作工具 2"右侧的"添加"按钮，在弹出的列表中选择"选择器 > 摆动"选项，如图 2-14 所示，展开"摆动选择器 1"属性，设置"摇摆/秒"数值为 0.0，"关联"数值为 73%，如图 2-15 所示。

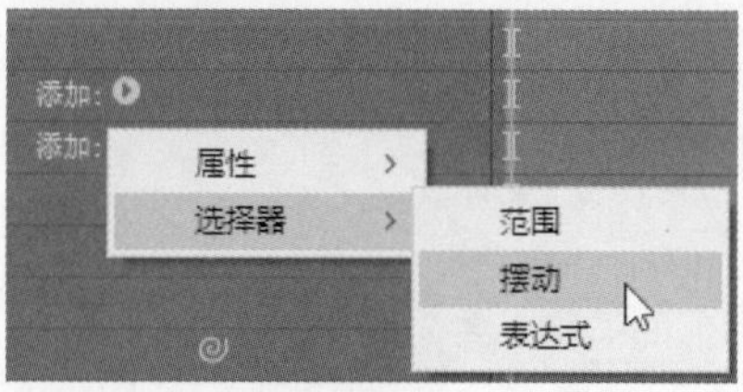

图 2-14

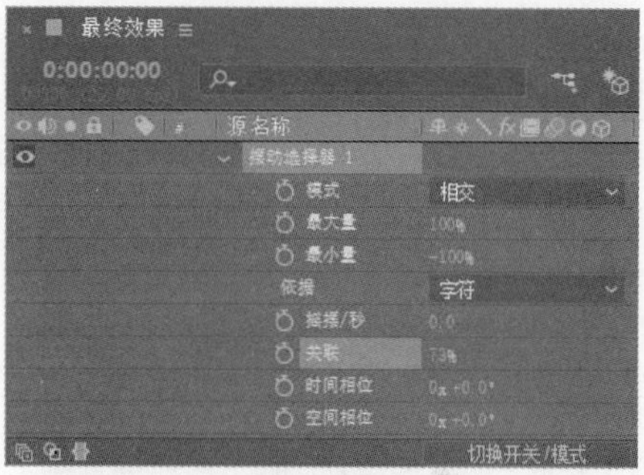

图 2-15

步骤④ 再次单击"添加"按钮，添加"位置""缩放""旋转""填充色相"选项，分别选择这些选项，再设置相应的参数，如图 2-16 所示。在时间轴面板中，将时间标签放置在 0:00:03:00 的位置，分别单击这 4 个选项左侧的"关键帧自动记录器"按钮，如图 2-17 所示，记录第 1 个关键帧。

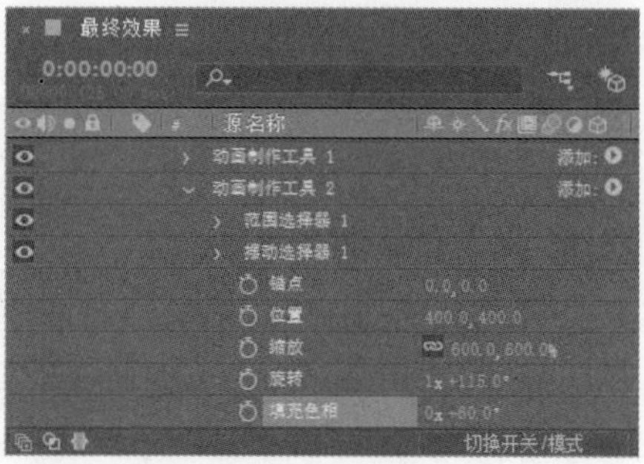

图 2-16

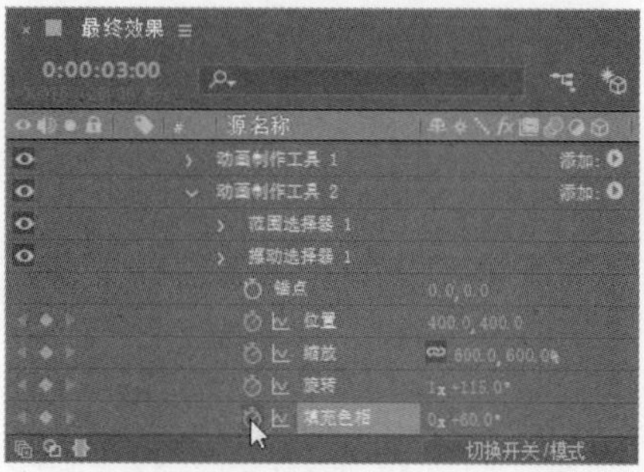

图 2-17

步骤⑤ 在时间轴面板中，将时间标签放置在 0:00:04:00 的位置，设置"位置"数值为 0.0,0.0，"缩放"数值为 100.0,100.0%，"旋转"数值为 0x+0.0°，"填充色相"数值为 0x+0.0°，如图 2-18 所示，记录第 2 个关键帧。

步骤⑥ 展开"摆动选择器 1"属性，将时间标签放置在 0:00:00:00 的位置，分别单击"时间相位""空间相位"选项左侧的"关键帧自动记录器"按钮，记录第 1 个关键帧。设置"时间相位"数值为 2x+0.0°，"空间相位"数值为 2x+0.0°，如图 2-19 所示。

图 2-18　　　　　　　　　　　　　　　图 2-19

步骤❼　将时间标签放置在 0:00:01:00 的位置，如图 2-20 所示，在时间轴面板中设置"时间相位"数值为 2x+200.0°，"空间相位"数值为 2x+150.0°，如图 2-21 所示，记录第 2 个关键帧。将时间标签放置在 0:00:02:00 的位置，设置"时间相位"数值为 3x+160.0°，"空间相位"数值为 3x+125.0°，如图 2-22 所示，记录第 3 个关键帧。将时间标签放置在 0:00:03:00 的位置，设置"时间相位"数值为 4x+150.0°，"空间相位"数值为 4x+110.0°，如图 2-23 所示，记录第 4 个关键帧。

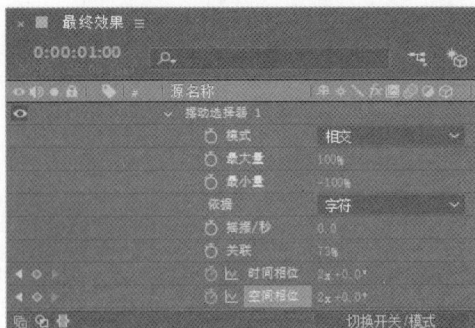

图 2-20　　　　　　　　　　　　　　　图 2-21

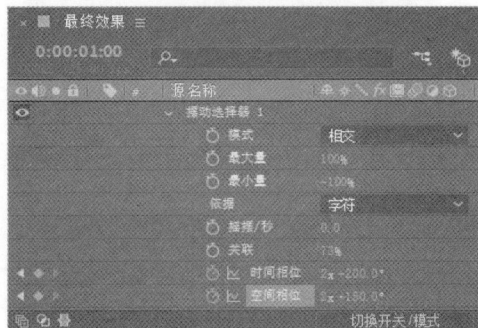

图 2-22　　　　　　　　　　　　　　　图 2-23

3．添加立体效果

步骤❶　选中文本图层，选择"效果 > 透视 > 斜面 Alpha"命令，在"效果控件"面板中设置相关参数，如图 2-24 所示。"合成"面板中的效果如图 2-25 所示。

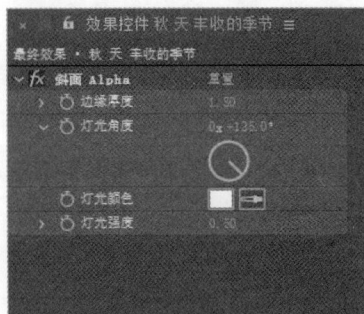

图 2-24

图 2-25

步骤② 选择"效果 > 透视 > 投影"命令,在"效果控件"面板中设置相关参数,如图 2-26 所示。"合成"面板中的效果如图 2-27 所示。

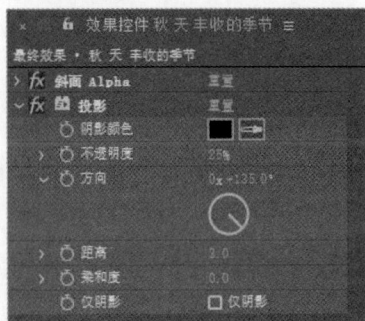

图 2-26

图 2-27

步骤③ 在时间轴面板中单击"运动模糊"按钮 ,将其激活。单击文本图层右侧的"运动模糊"按钮 ,如图 2-28 所示。文字飞入效果制作完成,效果如图 2-29 所示。

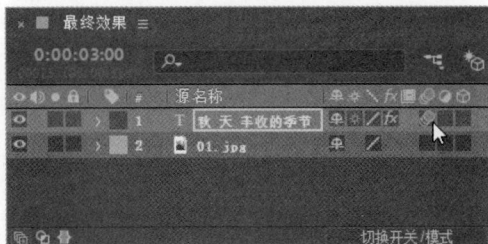

图 2-28

图 2-29

2.1.3 【相关知识】

1. 图层的概念

在 After Effects 2020 中,无论是创作合成动画,还是进行效果处理等操作,都离不开图层,因此制作动态影像的第一步就是了解和掌握图层。时间轴面板中的素材都是以图层的方式按照上下位置关系依次排列组合而成的,如图 2-30 所示。

图 2-30

可以将 After Effects 中的图层想象为一层层叠放的透明胶片，上一层有内容的地方将遮盖住下一层的内容，而上一层没有内容的地方则露出下一层的内容，如果上一层的部分区域处于半透明状态，将依据半透明程度混合显示下层内容，这是图层最简单、最基本的概念。图层之间还存在更复杂的合成组合关系，例如叠加模式、蒙版合成方式等。

2. 将素材放置到时间轴面板上

只有将素材放入时间轴面板中才可以对其进行编辑。将素材放入时间轴面板的方法有以下几种。

（1）将素材直接从"项目"面板拖曳到"合成"面板中，如图 2-31 所示，鼠标指针的位置就是素材在合成画面中的位置。

（2）在"项目"面板中拖曳素材到合成图层上，如图 2-32 所示。

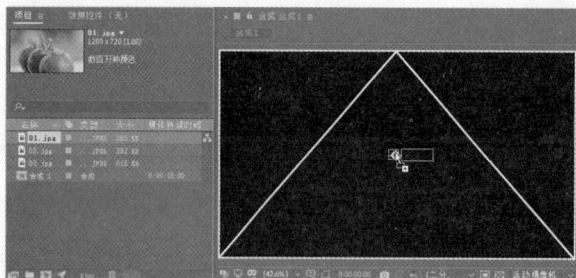

图 2-31

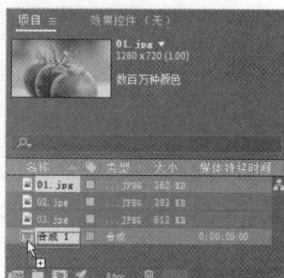

图 2-32

（3）在"项目"面板中选中素材，按 Ctrl+/组合键，将所选素材置入时间轴面板中。

（4）将素材从"项目"面板拖曳到时间轴面板区域，在未释放鼠标时，时间轴面板中会显示一条蓝色线，以指示将其置入哪一层，如图 2-33 所示。

（5）将素材从"项目"面板拖曳到时间轴面板，在未释放鼠标时，不仅会出现一条蓝色线，还会在时间标尺处显示时间指针，用于决定素材入场的时间，如图 2-34 所示。

图 2-33   图 2-34

（6）在"项目"面板中双击素材，通过"素材"预览面板打开素材，单击![]、![]两个按钮设置素材的入点和出点，再单击"波纹插入编辑"按钮![]或者"叠加编辑"按钮![]将素材插入时间轴面板，如图 2-35 所示。

> **提示**
>
> 如果是图像素材，则不会出现上述按钮和功能，因此只能对视频素材使用此方法。

图 2-35

3. 改变图层顺序

在时间轴面板中选择图层，将其上下拖曳到适当的位置，可以改变图层顺序。拖曳时注意观察蓝色线的位置，如图 2-36 所示。

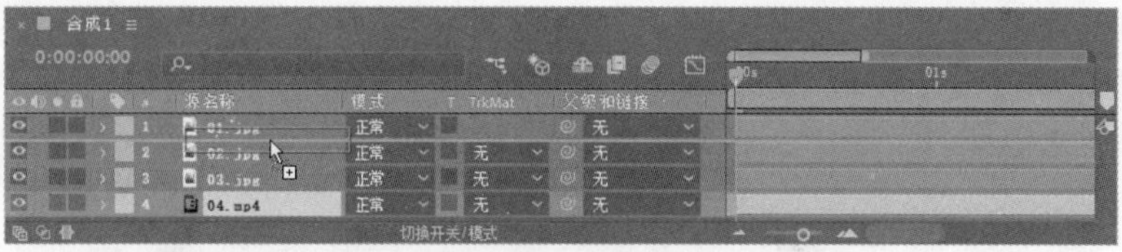

图 2-36

在时间轴面板中选择图层，通过菜单和组合键改变图层位置的方法有以下几种。

（1）选择"图层 > 排列 > 将图层置于顶层"命令，或按 Ctrl+Shift+] 组合键将图层移到最顶层。

（2）选择"图层 > 排列 > 将图层前移一层"命令，或按 Ctrl+] 组合键将图层往上移一层。

（3）选择"图层 > 排列 > 将图层后移一层"命令，或按 Ctrl+ [组合键将图层往下移一层。

（4）选择"图层 > 排列 > 将图层置于底层"命令，或按 Ctrl+Shift+ [组合键将图层移到最下层。

4. 复制图层和替换图层

（1）复制图层的方法一

选中图层，选择"编辑 > 复制"命令，或按 Ctrl+C 组合键快速复制图层。

选择"编辑 > 粘贴"命令，或按 Ctrl+V 组合键粘贴图层，粘贴出来的新图层将保持所复制图层的所有属性。

（2）复制图层的方法二

选中图层，选择"编辑 > 重复"命令，或按 Ctrl+D 组合键快速复制图层。

（3）替换图层的方法一

在时间轴面板中选择需要替换的图层，在"项目"面板中，按住 Alt 键的同时，拖曳替换的新素材到时间轴面板中，如图 2-37 所示。

（4）替换图层的方法二

在时间轴面板中选择需要替换的图层，单击鼠标右键，在弹出的快捷菜单中选择"显示 > 在项目流程图中显示图层"命令，打开"流程图"面板。

在"项目"面板中，将替换的新素材拖曳到"流程图"面板中的目标层上，如图 2-38 所示。

图 2-37

图 2-38

5. 给图层添加标记

标记功能对声音素材来说有特殊的意义，例如，在某个高音或者某个鼓点处设置图层标记，这样在整个创作过程中，可以快速、准确地知道某个时间位置发生了什么。

（1）添加图层标记

在时间轴面板中选择图层，并移动当前时间标签到指定时间位置，如图 2-39 所示。

图 2-39

选择"图层 > 标记> 添加标记"命令，或按数字键盘上的＊键，添加图层标记，如图 2-40 所示。

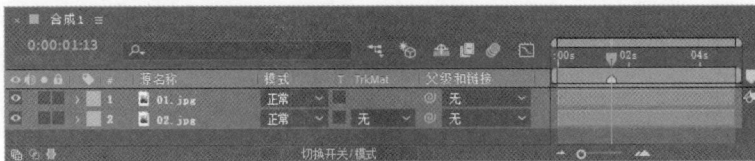

图 2-40

> **提示**
>
> 在视频创作过程中，视频画面应与音乐匹配，选择背景音乐图层，按数字键盘上的 0 键可预听音乐。注意一边听一边在音乐变化时按数字键盘上的＊键，设置标记，将其作为后续动画关键帧的位置参考，音乐停止播放后将显示所有标记。

（2）修改图层标记

单击并拖曳图层标记到新的时间位置即可修改图层标记；或双击图层标记，打开"合成标记"对话框，在"时间"文本框中输入目标时间，以精确修改图层标记的时间位置，如图 2-41 所示。

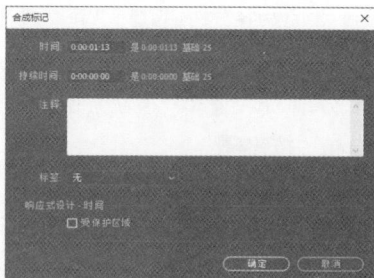

图 2-41

另外，为了更好地识别各个标记，可以给标记添加注释。双击标记，在打开的"合成标记"对话框的"注释"处输入说明文字，如"更改从此处开始"，效果如图 2-42 所示。

图 2-42

（3）删除图层标记

在目标标记上单击鼠标右键，在弹出的快捷菜单中选择"删除此标记"或者"删除所有标记"命令。

按住 Ctrl 键的同时，将鼠标指针移至标记处，当鼠标指针变为 ✂ （剪刀）形状时单击，即可删除标记。

6. 让图层自动适合合成图像尺寸

选择图层，选择"图层 > 变换 > 适合复合"命令，或按 Ctrl+Alt+F 组合键使图层尺寸自动适合合成图像尺寸，如果图层的长宽比与合成图像的长宽比不一致，将导致合成图像变形，如图 2-43 所示。

选择"图层 > 变换 > 适合复合宽度"命令，或按 Ctrl+Alt+Shift+H 组合键使图层宽度适合合成图像宽度，如图 2-44 所示。

选择"图层 > 变换 > 适合复合高度"命令，或按 Ctrl+Alt+Shift+G 组合键使图层高度适合合成图像高度，如图 2-45 所示。

图 2-43　　　　　　　　　　　图 2-44　　　　　　　　　　　图 2-45

7．对齐和分布图层

选择"窗口 > 对齐"命令，弹出"对齐"面板，如图 2-46 所示。

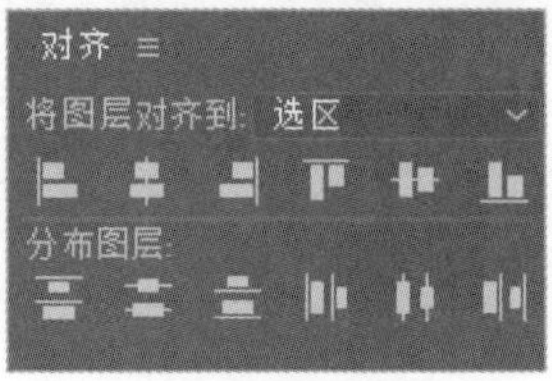

"对齐"面板中的第一行按钮从左到右分别为"左对齐"按钮、"水平对齐"按钮、"右对齐"按钮、"顶对齐"按钮、"垂直对齐"按钮、"底对齐"按钮。第二行按钮从左到右分别为"按顶分布"按钮、"垂直均匀分布"按钮、"按底分布"按钮、"按左分布"按钮、"水平均匀分布"按钮和"按右分布"按钮。

图 2-46

（1）在时间轴面板中同时选中 1～4 层的所有文本图层，方法为选择图层 1，按住 Shift 键的同时选择图层 4，如图 2-47 所示。

（2）单击"对齐"面板中的"水平对齐"按钮，将所选中的图层水平居中对齐；单击"垂直均匀分布"按钮，将以"合成"面板画面位置的最上层图层和最下层图层为基准，平均分布中间两个图层，使它们的垂直间距一致，效果如图 2-48 所示。

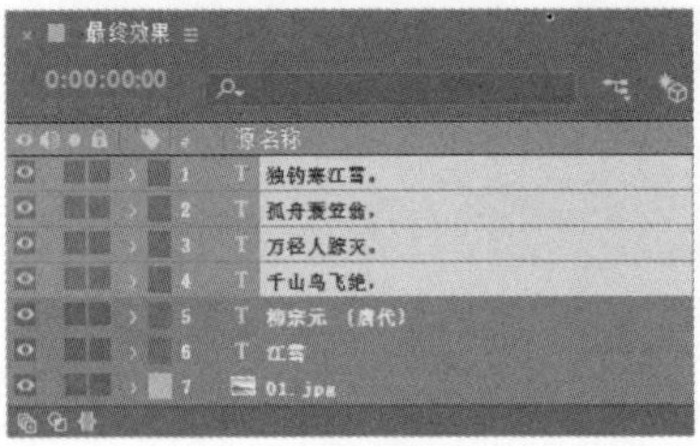

图 2-47　　　　　　　　　　　　　　图 2-48

2.1.4　【实战演练】——制作新春节日效果

使用"缩放"属性调整图像的大小，使用"旋转"属性制作旋转动画效果。最终效果参看云盘中的"Ch02 > 制作新春节日效果 > 制作新春节日效果.aep"，如图 2-49 所示。

图 2-49

制作新春节日效果

2.2　制作图像运动效果

2.2.1　【训练目标】

使用"导入"命令导入素材；使用"位置"属性制作波浪动画；使用"位置"属性、"缩放"属性和"不透明度"属性制作最终效果。最终效果参看云盘中的"Ch02 > 制作图像运动效果 > 制作图像运动效果.aep",如图 2-50 所示。

图 2-50

2.2.2 【案例操作】

1.导入素材并制作波浪动画

步骤① 按 Ctrl+N 组合键,弹出"合成设置"对话框,在"合成名称"文本框中输入"波浪动画",其他选项的设置如图 2-51 所示,单击"确定"按钮,创建一个新的合成"波浪动画"。选择"文件 > 导入 > 文件"命令,弹出"导入文件"对话框,选择云盘中的"Ch02 > 制作图像运动效果 > (Footage) > 01.jpg ~ 08.png"文件,如图 2-52 所示,单击"导入"按钮,导入图片到"项目"面板中。

图 2-51 图 2-52

步骤② 在"项目"面板中,选中"04.png""05.png""06.png""07.png""08.png"文件并将它们拖曳到时间轴面板中,图层的排列如图 2-53 所示。"合成"面板中的效果如图 2-54 所示。

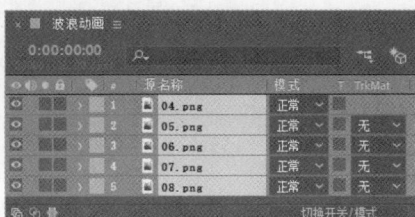

图 2-53

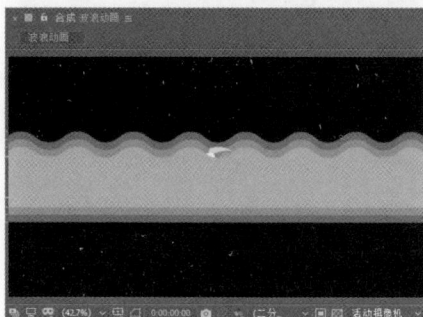

图 2-54

步骤❸ 选中"08.png"图层，按 P 键，展开"位置"属性，设置"位置"数值为 514.0,510.7，如图 2-55 所示。"合成"面板中的效果如图 2-56 所示。

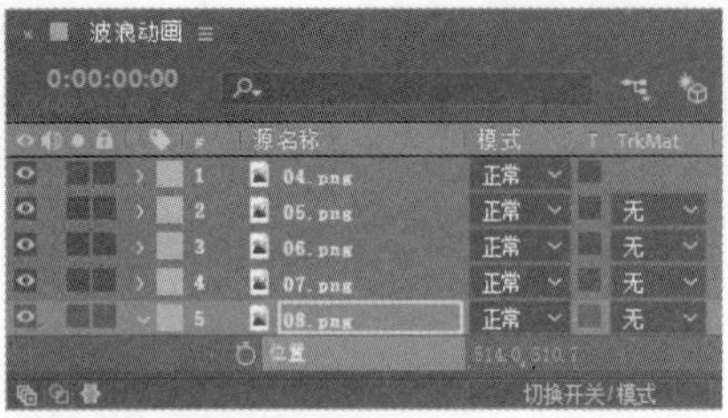

图 2-55 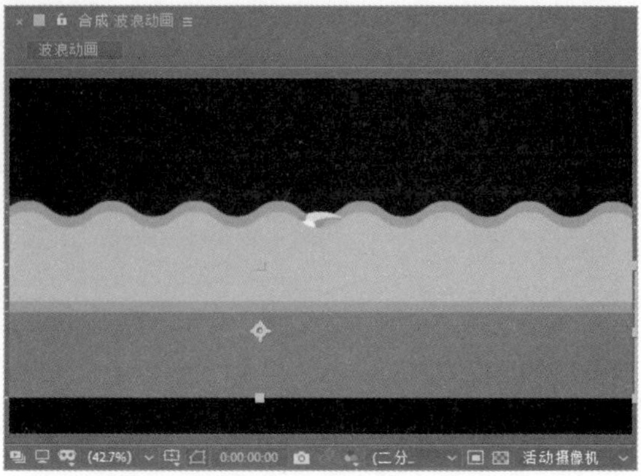　　　　　　　　　　　　图 2-56

步骤❹ 保持时间标签在 0:00:00:00 的位置，单击"位置"选项左侧的"关键帧自动记录器"按钮 ，如图 2-57 所示，记录第 1 个关键帧。将时间标签放置在 0:00:04:24 的位置，在时间轴面板中设置"位置"数值为 758.0,510.7，如图 2-58 所示，记录 2 个关键帧。

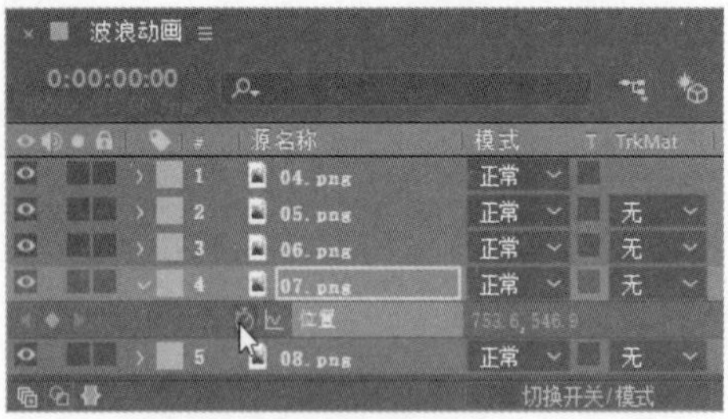

图 2-57 　　　　　　　　　　　　图 2-58

步骤❺ 将时间标签放置在 0:00:00:00 的位置，选中"07.png"图层，按 P 键，展开"位置"属性，设置"位置"数值为 735.6,546.9，单击"位置"选项左侧的"关键帧自动记录器"按钮 ，如图 2-59 所示，记录第 1 个关键帧。将时间标签放置在 0:00:04:24 的位置，在时间轴面板中设置"位置"数值为 547.6,546.9，如图 2-60 所示，记录第 2 个关键帧。

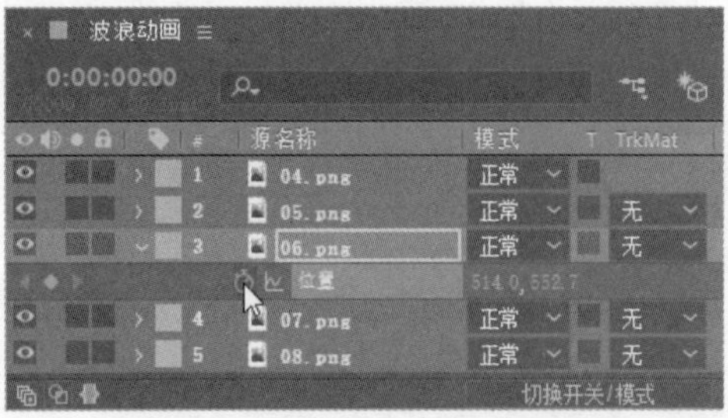

图 2-59 　　　　　　　　　　　　图 2-60

步骤❻ 将时间标签放置在 0:00:00:00 的位置，选中"06.png"图层，按 P 键，展开"位置"属性，设置"位置"数值为 514.0,552.7，单击"位置"选项左侧的"关键帧自动记录器"按钮 ，如图 2-61

所示，记录第 1 个关键帧。将时间标签放置在 0:00:04:24 的位置，在时间轴面板中设置"位置"数值为 763.0,552.7，如图 2-62 所示，记录第 2 个关键帧。

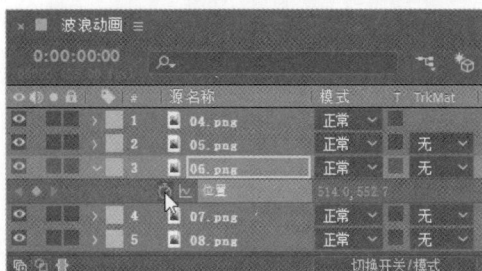

图 2-61

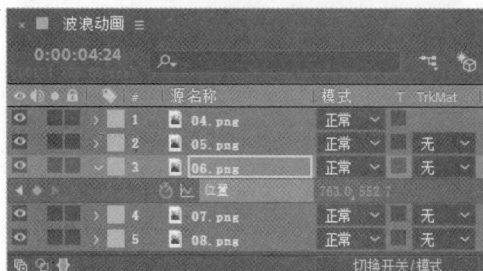

图 2-62

步骤⑦ 将时间标签放置在 0:00:00:00 的位置，选中"05.png"图层，按 P 键，展开"位置"属性，设置"位置"数值为 222.8,535.3，单击"位置"选项左侧的"关键帧自动记录器"按钮 ⓞ，如图 2-63 所示，记录第 1 个关键帧。将时间标签放置在 0:00:02:00 的位置，单击"在当前时间添加或移除关键帧"按钮，如图 2-64 所示，记录第 2 个关键帧。用相同的方法在 0:00:04:00 的位置添加一个关键帧。

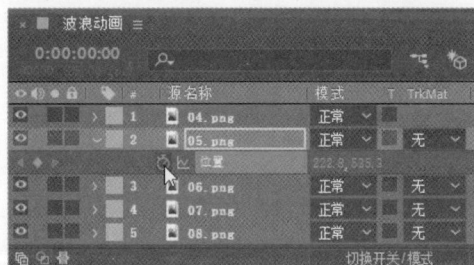

图 2-63

图 2-64

步骤⑧ 将时间标签放置在 0:00:01:00 的位置，在时间轴面板中设置"位置"数值为 222.8,575.3，如图 2-65 所示，记录第 4 个关键帧。将时间标签放置在 0:00:03:00 的位置，在时间轴面板中设置"位置"数值为 222.8,575.3，如图 2-66 所示，记录第 5 个关键帧。将时间标签放置在 0:00:04:24 的位置，在时间轴面板中设置"位置"数值为 222.8,575.3，如图 2-67 所示，记录第 6 个关键帧。

图 2-65

图 2-66

图 2-67

步骤⑨ 将时间标签放置在 0:00:00:00 的位置，选中"04.png"图层，按 P 键，展开"位置"属性，设置"位置"数值为 769.0,638.0，单击"位置"选项左侧的"关键帧自动记录器"按钮 ⓞ，如图 2-68 所示，记录第 1 个关键帧。将时间标签放置在 0:00:04:24 的位置，在时间轴面板中设置"位置"数值为 522.0,638.0，如图 2-69 所示，记录第 2 个关键帧。

图 2-68　　　　　　　　　　　　　　　　　图 2-69

2. 制作最终效果

步骤① 按 Ctrl+N 组合键，弹出"合成设置"对话框，在"合成名称"文本框中输入"最终效果"，其他选项的设置如图 2-70 所示，单击"确定"按钮，创建一个新的合成"最终效果"。

步骤② 在"项目"面板中选中"01.jpg""02.png""03.png""波浪动画"合成，并将其拖曳到时间轴面板中，图层的排列如图 2-71 所示

图 2-70　　　　　　　　　　　　　　　　　图 2-71

步骤③ 选中"波浪动画"图层，按 P 键，展开"位置"属性，设置"位置"数值为 640.0,437.0，如图 2-72 所示。"合成"面板中的效果如图 2-73 所示。

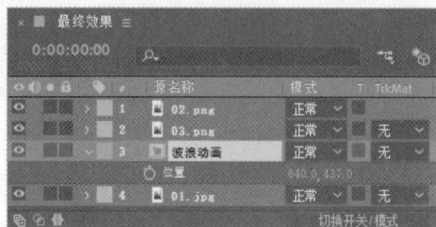

图 2-72　　　　　　　　　　　　　　　　　图 2-73

步骤④ 选中"03.png"图层，按 P 键，展开"位置"属性，设置"位置"数值为 633.0,319.0，如图 2-74 所示。"合成"面板中的效果如图 2-75 所示。

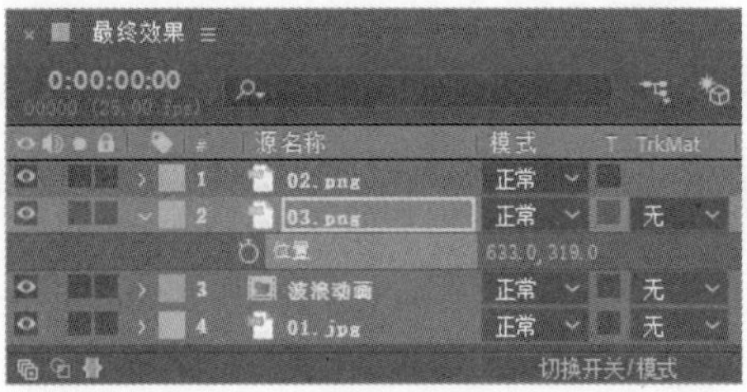

图 2-74

图 2-75

步骤⑤ 保持时间标签在 0:00:00:00 的位置，按 T 键，展开"不透明度"属性，设置"不透明度"数值为 0%，单击"不透明度"选项左侧的"关键帧自动记录器"按钮，如图 2-76 所示，记录第 1 个关键帧。将时间标签放置在 0:00:01:00 的位置，在时间轴面板中设置"不透明度"数值为 100%，如图 2-77 所示，记录第 2 个关键帧。

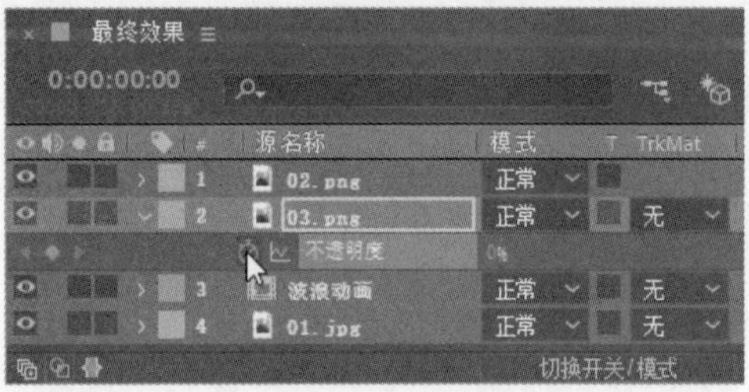

图 2-76

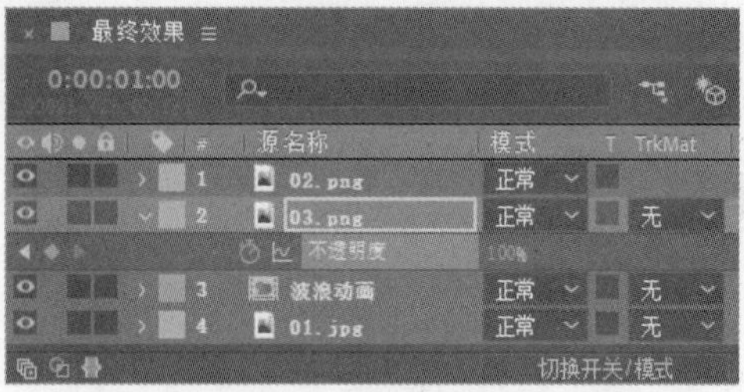

图 2-77

步骤⑥ 选中"02.png"图层，按 P 键，展开"位置"属性，设置"位置"数值为 442.0,208.0，如图 2-78 所示。"合成"面板中的效果如图 2-79 所示。

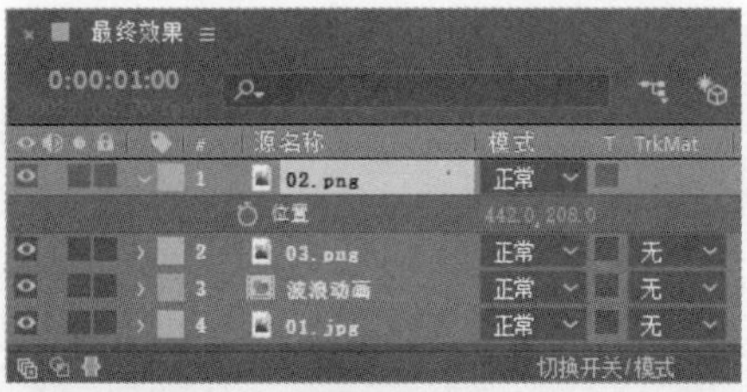

图 2-78

图 2-79

步骤⑦ 保持时间标签在 0:00:01:00 的位置，按 S 键，展开"缩放"属性，设置"缩放"数值为 0.0,0.0%，单击"缩放"选项左侧的"关键帧自动记录器"按钮，如图 2-80 所示，记录第 1 个关键帧。将时间标签放置在 0:00:01:11 的位置，在时间轴面板中设置"缩放"数值为 100.0,100.0%，如图 2-81 所示，记录第 2 个关键帧。图像运动效果制作完成。

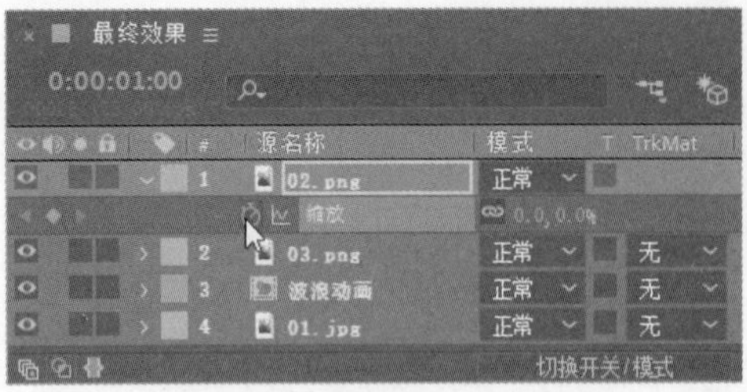

图 2-80

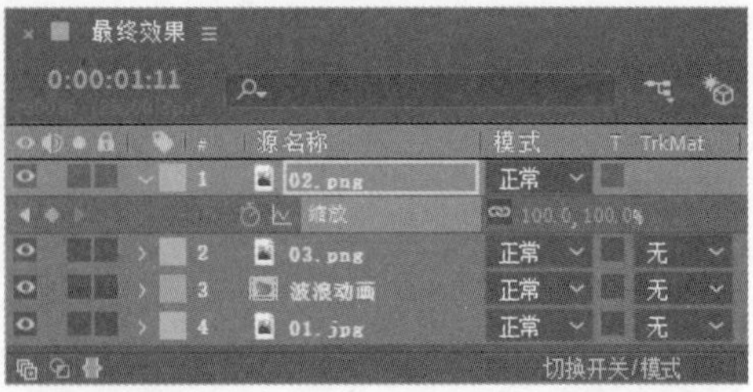

图 2-81

2.2.3 【相关知识】

1. 图层的 5 个基本变换属性

除了单独的音频图层以外，各类型图层至少有 5 个基本变换属性，它们分别是锚点、位置、缩放、旋转和不透明度。可以单击时间轴面板中图层颜色标签左侧的小箭头按钮 ❯ 展开图层属性，再单击"变换"左侧的小箭头按钮 ❯，展开变换属性的子属性，如图 2-82 所示。

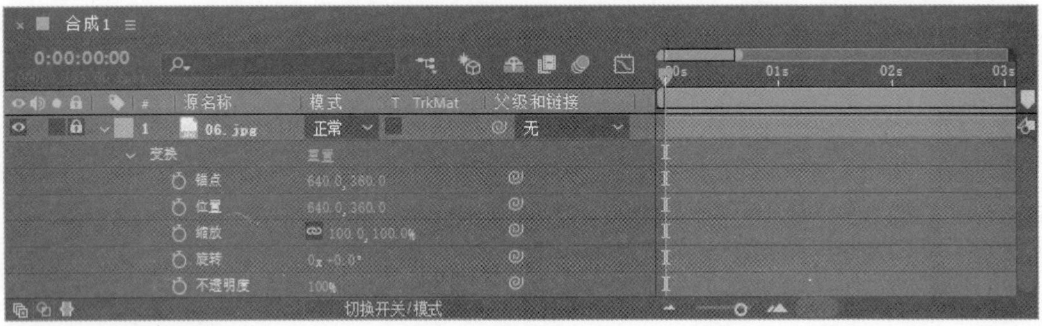

图 2-82

（1）"锚点"属性

无论一个图层的面积有多大，当其移动、旋转和缩放时，都是依据一个点来进行的，这个点就是锚点。

选择需要操作的图层，按 A 键，展开"锚点"属性，如图 2-83 所示。以锚点为基准，如图 2-84 所示，旋转操作效果如图 2-85 所示，缩放操作效果如图 2-86 所示。

图 2-83

图2-84   图2-85   图2-86

（2）"位置"属性

选择需要操作的图层，按 P 键，展开"位置"属性，如图 2-87 所示。以锚点为基准，如图 2-88 所示；在图层的"位置"属性右侧的数字上拖曳鼠标指针（或单击并输入需要的数值），如图 2-89 所示；释放鼠标，效果如图 2-90 所示。

图2-87   图2-88

图2-89   图2-90

普通二维图层的"位置"属性由 x 轴向和 y 轴向 2 个参数组成；如果是三维图层，则"位置"属性由 x 轴向、y 轴向和 z 轴向 3 个参数组成。

> **提示**
>
> 在制作位置动画时，为了保持移动时的方向，可以选择"图层>变换>自动定向"命令，在弹出的"自动方向"对话框中，选择"沿路径定向"选项。

（3）"缩放"属性

选择需要操作的图层，按 S 键，展开"缩放"属性，如图 2-91 所示。以锚点为基准，如图 2-92 所示；在图层的"缩放"属性右侧的数字上拖曳鼠标指针（或单击并输入需要的数值），如图 2-93 所示；释放鼠标，效果如图 2-94 所示。

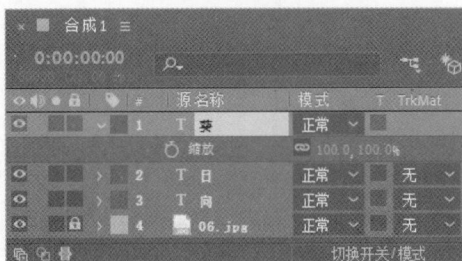

图 2-91

图 2-92

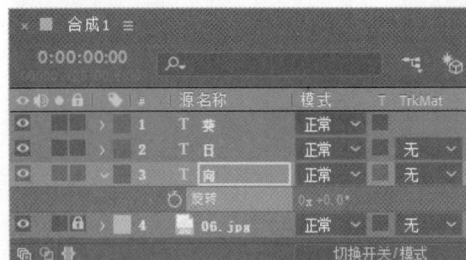

图 2-93

图 2-94

普通二维图层的"缩放"属性由 x 轴向和 y 轴向 2 个参数组成；如果是三维图层，则"缩放"属性由 x 轴向、y 轴向和 z 轴向 3 个参数组成。

（4）"旋转"属性

选择需要操作的图层，按 R 键，展开"旋转"属性，如图 2-95 所示。以锚点为基准，如图 2-96 所示；在图层的"旋转"属性右侧的数字上拖曳鼠标指针（或单击并输入需要的数值），如图 2-97 所示；释放鼠标，效果如图 2-98 所示。普通二维图层的"旋转"属性由圈数和度数两个参数组成，如"1X+180°"。

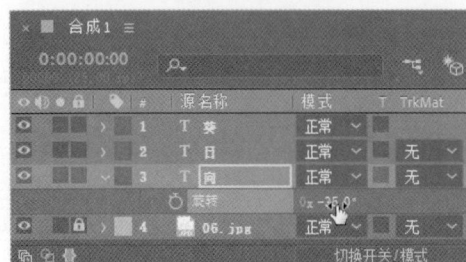

图 2-95

图 2-96

图 2-97

图 2-98

如果是三维图层，"旋转"属性将增加为 4 个，方向可以同时设定 x、y、z 3 个轴向，X 轴旋转仅调整 x 轴向上的旋转效果，Y 轴旋转仅调整 y 轴向上的旋转效果，Z 轴旋转仅调整 z 轴向上的旋转效果，如图 2-99 所示。

图 2-99

（5）"不透明度"属性

选择需要操作的图层，按 T 键，展开"不透明度"属性，如图 2-100 所示。以锚点为基准，如图 2-101 所示；在图层的"不透明度"属性右侧的数字上拖曳鼠标指针（或单击并输入需要的数值），如图 2-102 所示；释放鼠标，效果如图 2-103 所示。

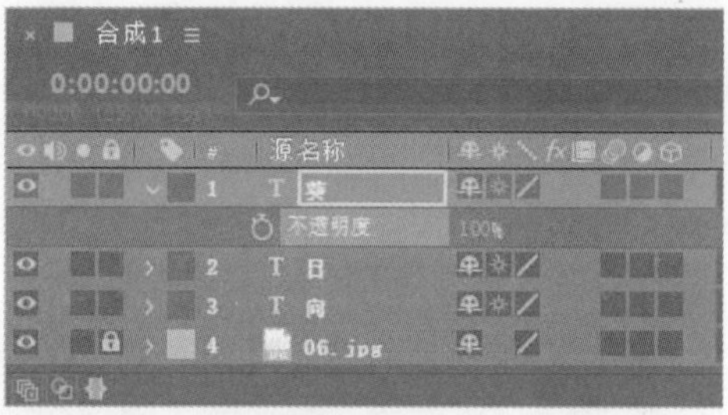

图 2-100

图 2-101

图 2-102

图 2-103

> **提示**
>
> 可以在按住 Shift 键的同时，按下显示各属性的快捷键来组合显示属性。例如，如果只想看见图层的"位置""不透明度"属性，可以在选取图层之后，先按 P 键，再按 Shift+T 组合键，效果如图 2-104 所示。

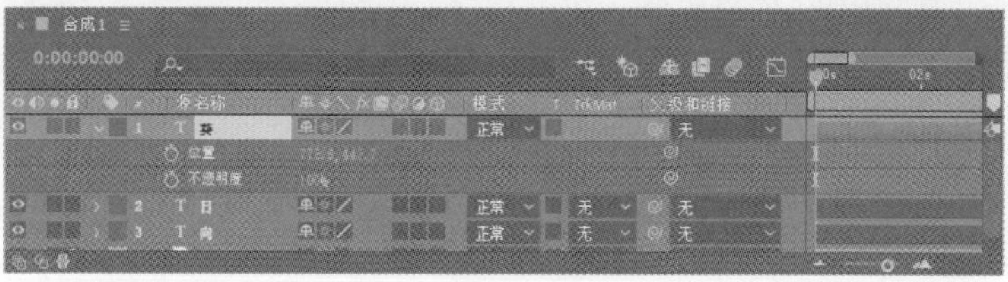

图 2-104

2．利用"位置"属性制作位置动画

选择"文件 > 打开项目"命令，或按 Ctrl+O 组合键，在弹出的"打开"对话框中选择云盘中的" Ch02 > 纸飞机 > 纸飞机.aep"文件，如图 2-105 所示，单击"打开"按钮，打开此文件，如图 2-106 所示。

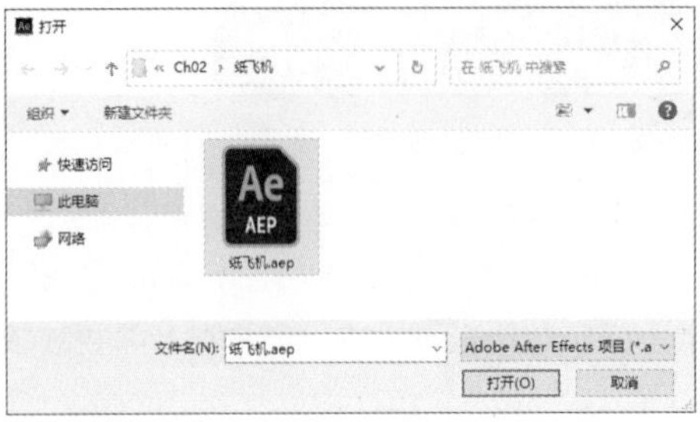

图 2-105

图 2-106

在时间轴面板中选中"02.png"图层，按 P 键，展开"位置"属性，确定当前时间标签处于 0：00：00：00 的位置，调整"位置"属性的 x 值和 y 值分别为 94.0 和 632.0，如图 2-107 所示；或选择选取工具，在"合成"面板中将纸飞机图形移动到画面的左下方，如图 2-108 所示。单击"位置"属性左侧的"关键帧自动记录器"按钮，开始自动记录位置关键帧信息。

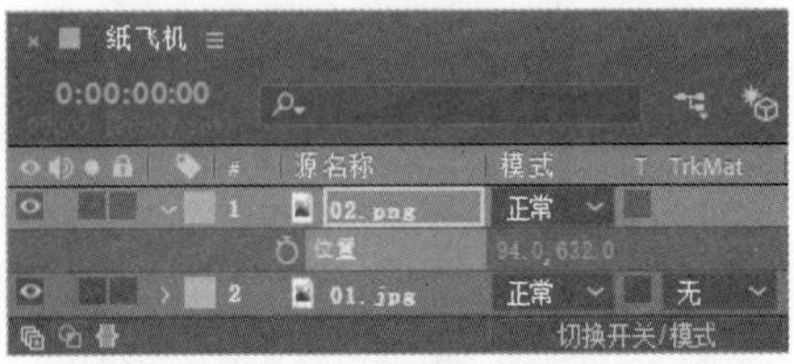

图 2-107

图 2-108

> **提示**　　按 Alt+Shift+P 组合键也可以实现上述操作，按此组合键可以在任意地方添加或删除"位置"属性关键帧。

移动时间标签到 0：00：04：24 的位置，调整"位置"属性的 x 值和 y 值分别为 1164.0 和 98.0；或选择选取工具，在"合成"面板中将纸飞机图形移动到画面的右上方；时间轴面板的当前时间下将自动添加一个"位置"属性关键帧，如图 2-109 所示，并在"合成"面板中显示动画路径，如图 2-110 所示。按 0 键，预览动画。

图 2-109　　　　　　　　　　　　　　　　　图 2-110

（1）手动调整"位置"属性

选择选取工具 ，直接在"合成"面板中拖动图层。

在"合成"面板中拖动图层时，按住 Shift 键，可在水平或垂直方向上移动图层。

在"合成"面板中拖动图层时，按住 Alt+Shift 组合键，将使图层的边缘逼近合成图像的边缘。

可以按上、下、左、右 4 个方向键实现以 1 像素为单位的图层移动，可以在按住 Shift 键的同时按上、下、左、右 4 个方向键实现以 10 像素为单位的图层移动。

（2）以数字方式调整"位置"属性

当鼠标指标呈 形状时，在参数值上左右拖动可以修改参数值。

单击参数会出现输入框，可以在其中输入具体数值。输入框也支持加减法运算，如可以输入"+20"，将在原来的轴向值上加上 20 像素，如图 2-111 所示；如果需要进行减法运算，则输入"-20"。

在属性名称或参数值上单击鼠标右键，在弹出的快捷菜单中选择"编辑值"命令，或按 Ctrl+Shift+P 组合键，弹出"位置"对话框。在该对话框中可以调整具体参数值，并且可以选择调整所依据的尺寸单位，如像素、英寸、毫米、%（源百分比）、%（合成百分比），如图 2-112 所示。

　　　　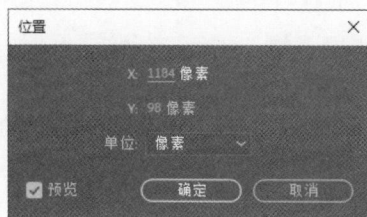

图 2-111　　　　　　　　　　　　　　　　图 2-112

3．制作缩放动画

在时间轴面板中选中"02.png"图层，按 Shift 键的同时按 S 键，展开图层的"缩放"属性，如图 2-113 所示。

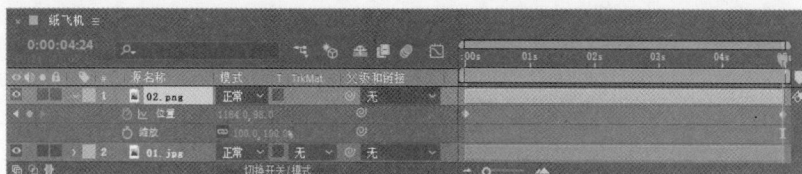

图 2-113

将时间标签放在 0:00:00:00 的位置，在时间轴面板中单击"缩放"属性左侧的"关键帧自动记录器"按钮 ，开始记录"缩放"关键帧信息，如图 2-114 所示。

图 2-114

> **提示**　按 Alt+Shift+S 组合键也可以实现上述操作，按此组合键还可以在任意地方添加或删除"缩放"属性关键帧。

移动时间标签到 0:00:04:24 的位置，将"缩放"值调整为 130.0,130.0%；或者选择选取工具 ，在"合成"面板中拖曳图层边框上的变换节点进行缩放操作；同时按住 Shift 键可以实现等比缩放，还可以观察"信息"面板和时间轴面板中的"缩放"属性，查看表示具体缩放程度的数值，如图 2-115 所示。在时间轴面板的当前时间下，会自动添加一个"缩放"属性关键帧，如图 2-116 所示。按 0 键，预览动画。

图 2-115　　　　　　　　　　　　图 2-116

（1）手动调整"缩放"属性

选择选取工具 ，直接在"合成"面板中拖曳图层边框上的变换节点进行缩放操作，如果同时按住 Shift 键，则可以实现等比缩放。

按住 Alt 键的同时，按+（加号）键或-（减号）键可以 1% 为单位调整缩放百分比；如果要以 10% 为单位调整缩放百分比，可以按 Shift+Alt+-组合键或 Shift+Alt++组合键。

（2）以数字方式调整"缩放"属性

当鼠标指针呈 形状时，在参数值上左右拖动可以修改参数值。

单击参数会出现输入框，可以在其中输入具体数值。输入框也支持加减法运算。例如，可以输入"+3"，将在原有的值上加上 3%；如果要进行减法运算，则输入"-3"，如图 2-117 所示。

在属性名称或参数值上单击鼠标右键，在弹出的快捷菜单中选择"编辑值"命令，在弹出的对话框中进行设置，如图 2-118 所示。

> **提示**　如果使"缩放"值为负值，将实现图像翻转效果。

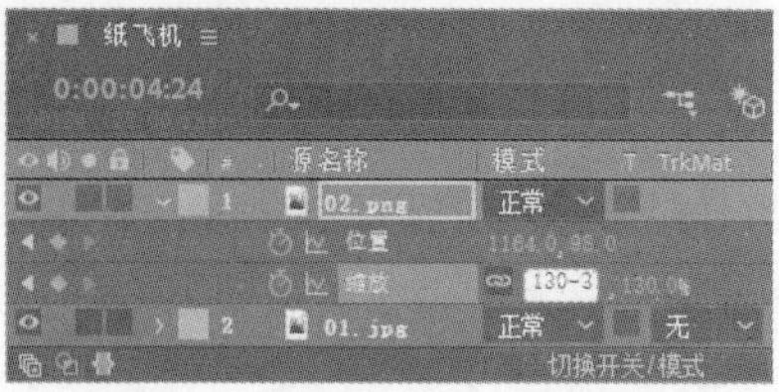

图 2-117 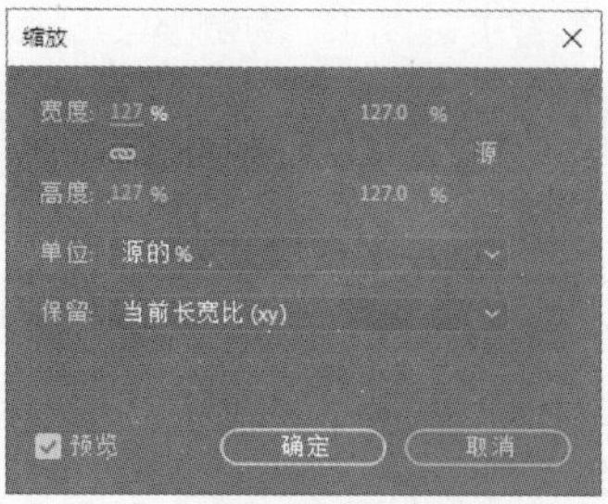   图 2-118

4. 制作旋转动画

在时间轴面板中选择"02.png"图层，在按住 Shift 键的同时按 R 键，展开图层的"旋转"属性，如图 2-119 所示。

图 2-119

将时间标签放置在 0:00:00:00 的位置，单击"旋转"属性左侧的"关键帧自动记录器"按钮，开始记录"旋转"关键帧信息。

> **提示**
>
> 按 Alt+Shift+R 组合键也可以实现上述操作，按此组合键还可以在任意地方添加或删除"旋转"属性关键帧。

移动时间标签到 0:00:04:24 的位置，调整"旋转"属性值为 0 x +180.0°，使图层旋转半圈，如图 2-120 所示；或者选择旋转工具，在"合成"面板中以顺时针方向旋转图层，同时可以观察"信息"面板和时间轴面板中的"旋转"属性，查看具体的旋转圈数和度数，效果如图 2-121 所示。按 0 键，预览动画。

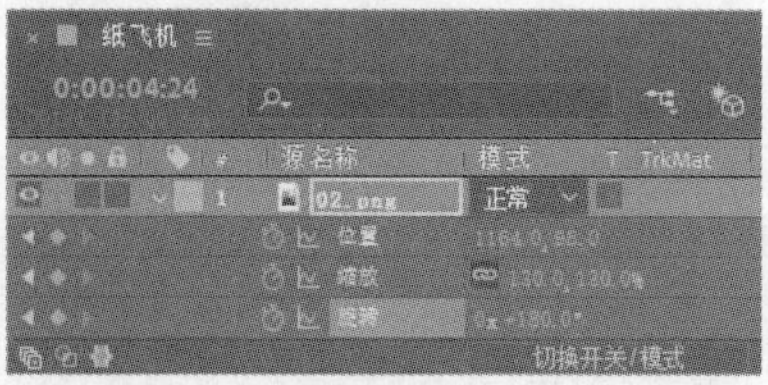

图 2-120   图 2-121

（1）手动调整"旋转"属性

选择旋转工具，在"合成"面板中以顺时针方向或者逆时针方向旋转图层，如果同时按住 Shift 键，将以 45° 为调整幅度。

可以按+（加号）键以 1° 为调整幅度顺时针旋转图层，也可以按-（减号）键以 1° 为调整幅度逆时针旋转图层；如果要以 10° 为调整幅度旋转图层，只需要在按下上述快捷键的同时按 Shift 键即可，如 Shift+-组合键。

（2）以数字方式调整"旋转"属性

当鼠标指针呈 👆 形状时，在参数值上左右拖动鼠标指针，可以修改参数值。

单击参数会出现输入框，可以在其中输入具体数值。输入框也支持加减法运算，例如，可以输入"+2"，将在原有的值上加上 2° 或者 2 圈（取决于是在度数输入框中输入，还是在圈数输入框中输入）；如果要进行减法运算，则输入"−10"。

在属性名称或参数值上单击鼠标右键，在弹出的快捷菜单中选择"编辑值"命令，或按 Ctrl+Shift+R 组合键，在弹出的对话框中调整具体参数值，如图 2-122 所示。

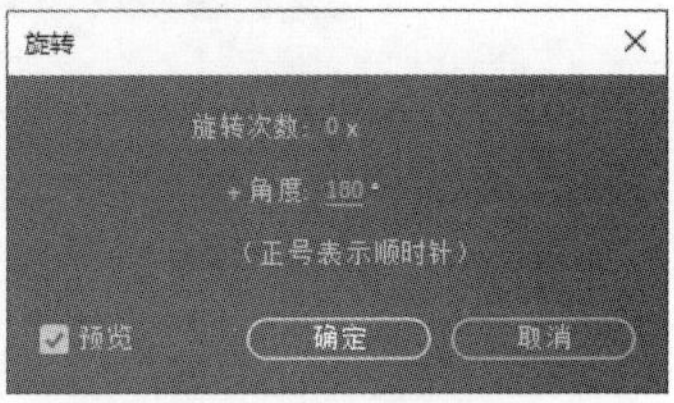

图 2-122

5. 锚点的作用

在时间轴面板中选择"02.png"图层，在按住 Shift 键的同时按 A 键，展开"锚点"属性，如图 2-123 所示。

图 2-123

设置"锚点"属性中的第一个值为 0，或者选择向后平移（锚点）工具 ，在"合成"面板中单击并移动锚点，同时观察"信息"面板和时间轴面板中的"锚点"属性值以查看具体位置移动参数，如图 2-124 所示。按 0 键，预览动画。

图 2-124

（1）手动调整"锚点"属性

选择向后平移（锚点）工具，在"合成"面板中单击并移动锚点。

在时间轴面板中双击图层，将图层在"图层"面板中打开，选择选取工具或者向后平移（锚点）工具，单击并移动锚点，如图 2-125 所示。

（2）以数字方式调整"锚点"属性

当鼠标指针呈形状时，在参数值上左右拖动鼠标指针，可以修改参数值。

单击参数会出现输入框，可以在其中输入具体数值。输入框也支持加减法运算，例如，可以输入"+30"，将在原有的值上加上 30 像素；如果要进行减法运算，则输入"-30"。

在属性名称或参数值上单击鼠标右键，在弹出的快捷菜单中选择"编辑值"命令，弹出"锚点"对话框，在该对话框中调整具体参数值，如图 2-126 所示。

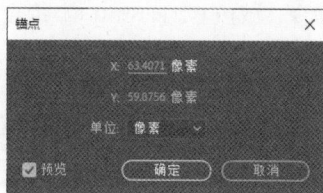

图 2-125　　　　　　　　　　图 2-126

6. 添加不透明度动画

在时间轴面板中选择"02.png"图层，按 Shift+T 组合键，展开图层的"不透明度"属性，如图 2-127 所示。

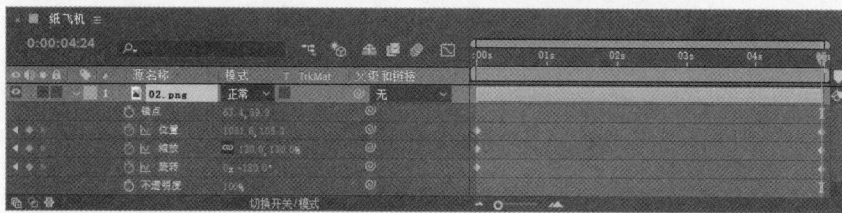

图 2-127

将时间标签放置在 0:00:00:00 的位置，将"不透明度"属性值调整为 100%，使图层完全不透明。单击"不透明度"属性左侧的"关键帧自动记录器"按钮，开始记录"不透明度"关键帧信息。

移动时间标签到 0:00:04:24 的位置，调整"不透明度"属性值为 0%，使图层完全透明，注意观察时间轴面板，当前时间下会自动添加一个"不透明度"属性关键帧，如图 2-128 所示。按 0 键，预览动画。

图 2-128

以数字方式调整"不透明度"属性的方法如下。

当鼠标指针呈 🖐 形状时，在参数值上左右拖动鼠标指针，可以修改不透明度值。

单击参数会出现输入框，可以在其中输入具体数值。输入框也支持加减法运算，例如，可以输入"+20"，将在原有的值上增加 20%；如果要进行减法运算，则输入"-20"。

在属性名称或参数值上单击鼠标右键，在弹出的快捷菜单中选择"编辑值"命令，或按 Ctrl+Shift+T 组合键，在弹出的对话框中调整具体参数值，如图 2-129 所示。

图 2-129

2.2.4　【实战演练】——制作飞机运动效果

使用"导入"命令导入素材，使用"缩放"属性和"位置"属性制作飞机运动动画，使用"投影"命令为飞机添加投影效果。最终效果参看云盘中的"Ch02 > 制作飞机运动效果 > 制作飞机运动效果.aep"，如图 2-130 所示。

图 2-130

2.3　综合案例——制作旋转指南针效果

使用"缩放"属性制作表盘缩放动画，使用"旋转"属性和"不透明度"属性制作指针动画。最终效果参看云盘中的"Ch02 > 制作旋转指南针效果 > 制作旋转指南针效果.aep"，如图 2-131 所示。

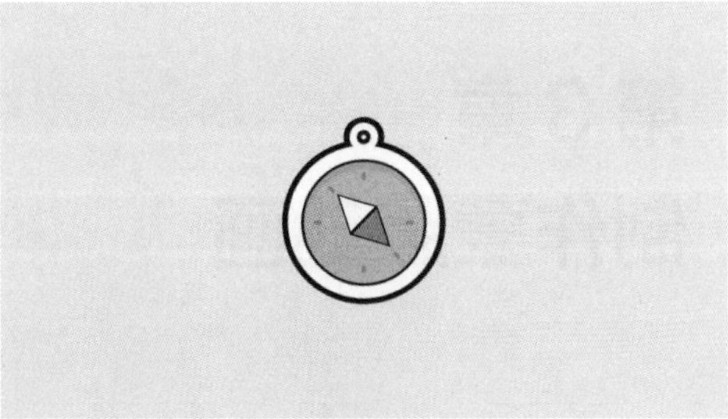

图 2-131

2.4 综合案例——制作圆圈运动效果

使用"导入"命令导入素材，使用"位置"属性制作箭头运动动画，使用"旋转"属性制作圆圈运动动画。最终效果参看云盘中的"Ch02 > 制作圆圈运动效果 > 制作圆圈运动效果.aep"，如图2-132 所示。

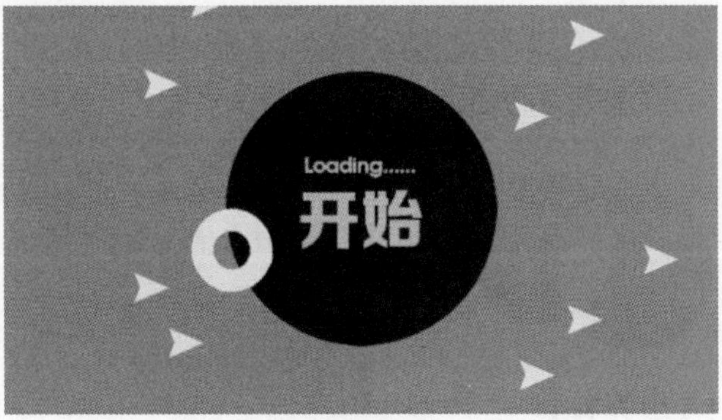

图 2-132

03

第3章
制作蒙版动画

　　本章主要讲解蒙版的功能，其中包括使用蒙版设计图形、调整蒙版图形形状、蒙版的变换、应用多个蒙版、编辑蒙版的多种方式等。通过对本章的学习，读者可以掌握蒙版的使用方法和应用技巧，并通过蒙版制作出绚丽的视频效果。

课堂学习目标

- ✔ 初步了解蒙版
- ✔ 掌握蒙版的设置和使用方法
- ✔ 掌握蒙版的基本操作方法

素养目标

- ✔ 提升沟通交流能力和团结协作能力

3.1　制作遮罩文字效果

3.1.1　【训练目标】

使用"新建合成"命令新建合成，使用"导入"命令导入素材文件，使用矩形工具制作蒙版效果。最终效果参看云盘中的"Ch03 > 制作遮罩文字效果 > 制作遮罩文字效果.aep"，如图 3-1 所示。

图 3-1

3.1.2　【案例操作】

步骤❶ 按 Ctrl+N 组合键，弹出"合成设置"对话框，在"合成名称"文本框中输入"最终效果"，其他选项的设置如图 3-2 所示，单击"确定"按钮，创建一个新的合成"最终效果"。

步骤❷ 选择"文件 > 导入 > 文件"命令，弹出"导入文件"对话框，选择云盘中的"Ch03\制作遮罩文字效果\(Footage)\01.mp4 和 02.png"文件，单击"导入"按钮，导入文件到"项目"面板中，如图 3-3 所示。

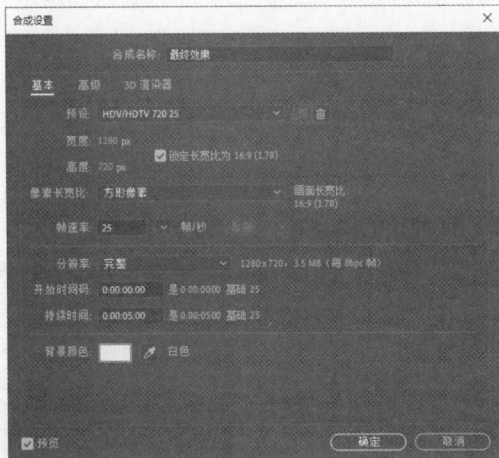

图 3-2

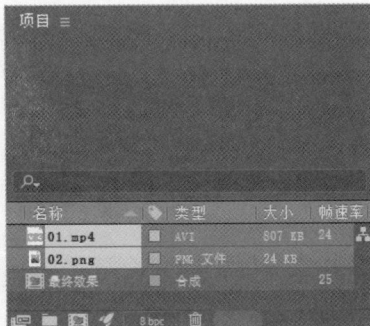

图 3-3

步骤❸ 在"项目"面板中选中"01.mp4""02.png"文件，并将其拖曳到时间轴面板中，图层的排列如图 3-4 所示。"合成"面板中的效果如图 3-5 所示。

图 3-4　　　　　　　　　　　　图 3-5

步骤④ 选中"02.png"图层，按 P 键，展开"位置"属性，设置"位置"数值为 1013.0,312.0，如图 3-6 所示。"合成"面板中的效果如图 3-7 所示。

图 3-6　　　　　　　　　　　　图 3-7

步骤⑤ 保持"02.png"图层处于选取状态，将时间标签放置在 0:00:01:05 的位置。选择矩形工具▣，在"合成"面板中拖曳鼠标指针绘制一个矩形蒙版，如图 3-8 所示。按 M 键两次展开"蒙版"属性。单击"蒙版路径"选项左侧的"关键帧自动记录器"按钮⏱，如图 3-9 所示，记录第 1 个"蒙版路径"关键帧。

图 3-8　　　　　　　　　　　　图 3-9

步骤⑥ 将时间标签放置在 0:00:02:05 的位置。选择选取工具▶，在"合成"面板中同时选中蒙版形状右边的两个控制点，将控制点向右拖曳到图 3-10 所示的位置，在 0:00:02:05 的位置再次记录

1 个关键帧，如图 3-11 所示。

图 3-10

图 3-11

步骤⑦ 遮罩文字效果制作完成，效果如图 3-12 所示。

图 3-12

3.1.3 【相关知识】

1. 初步了解蒙版

蒙版其实就是一个封闭的贝塞尔曲线所构成的路径轮廓，轮廓之内或之外的区域就是抠像的依据，如图 3-13 所示。

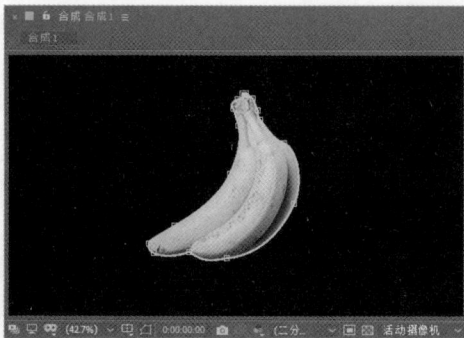

图 3-13

2. 使用蒙版设计图形

在"项目"面板中单击鼠标右键，在弹出的快捷菜单中选择"新建合成"命令，弹出"合成设置"对话框，在"合成名称"文本框中输入"蒙版"，其他选项的设置如图 3-14 所示，设置完成后，单击

"确定"按钮。

　　在"项目"面板中双击，在弹出的"导入文件"对话框中选择云盘中的"基础素材\Ch03\02.jpg ~ 05.png"文件，单击"导入"按钮，文件被导入到"项目"面板中，如图 3-15 所示。

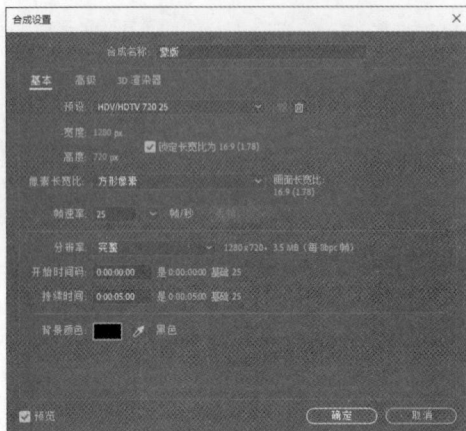

图 3-14　　　　　　　　　　　　　　　　　　　　　图 3-15

　　在"项目"面板中保持文件处于选取状态，将其拖曳到时间轴面板中，单击"05.png"图层和 "04.png"图层左侧的 ◎ 按钮，将其隐藏，如图 3-16 所示。选中"03.png"图层，选择椭圆工具 ◎，按住 Shift 键，在"合成"面板中拖曳鼠标指针绘制圆形蒙版，效果如图 3-17 所示。

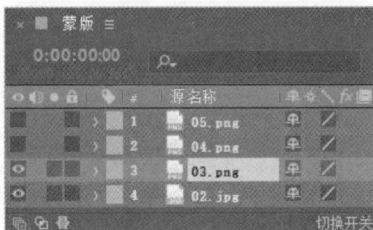

图 3-16　　　　　　　　　　　　　　　　　　　　　图 3-17

　　选中"04.png"图层，并单击此图层左侧的方框，显示图层，如图 3-18 所示。选择矩形工具 ▭，在"合成"面板中拖曳鼠标指针绘制矩形蒙版，效果如图 3-19 所示。

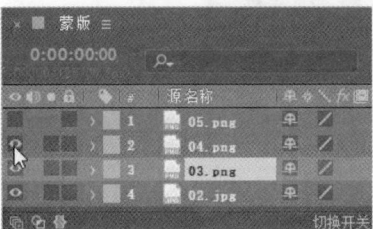

图 3-18　　　　　　　　　　　　　　　　　　　　　图 3-19

选中"05.png"图层，并单击此图层左侧的方框，显示图层，如图 3-20 所示。选择钢笔工具 ，在"合成"面板中相框的周围进行绘制，如图 3-21 所示。

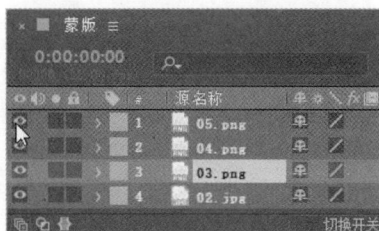

图 3-20　　　　　　　　　　　　　　　　　图 3-21

3. 调整蒙版图形形状

选择钢笔工具 ，在"合成"面板中绘制蒙版图形，如图 3-22 所示。选择转换"顶点"工具 ，单击一个节点，将该节点处的折角转换为圆弧；在节点处拖曳鼠标指针可以拖出调节手柄，拖动调节手柄，可以调整线段的弧度，如图 3-23 所示。

图 3-22　　　　　　　　　　　　　　　　　图 3-23

使用添加"顶点"工具 和删除"顶点"工具 可添加或删除节点。选择添加"顶点"工具 ，将鼠标指针移动到需要添加节点的线段处并单击，为该线段添加一个节点，如图 3-24 所示；选择删除"顶点"工具 ，单击任意节点，可将该节点删除，如图 3-25 所示。

图 3-24　　　　　　　　　　　　　　　　　图 3-25

使用蒙版羽化工具 可以对蒙版进行羽化。选择蒙版羽化工具 ，将鼠标指针移动到某条线段上，当鼠标指针变为 ✐ 形状时，如图 3-26 所示，单击可添加一个控制点。拖曳控制点可以对蒙版进行羽化，如图 3-27 所示。

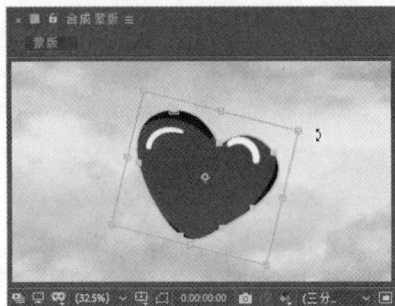

图 3-26

图 3-27

4. 蒙版的变换

选择选取工具 ▶，在蒙版边缘上双击，创建一个蒙版控制框，将鼠标指针移动到控制框的右上角，当鼠标指针变为 ↰ 形状，拖动鼠标指针可以对整个蒙版图形进行旋转，如图 3-28 所示；将鼠标指针移动到控制框中点的位置，鼠标指针变为 ↕ 形状，拖动鼠标指针，可以调整该控制框的高度，如图 3-29 所示。

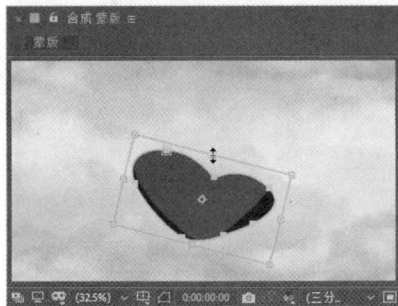

图 3-28

图 3-29

3.1.4 【实战演练】——制作切换动画效果

使用"旋转"属性制作旋转动画效果，使用钢笔工具绘制蒙版，使用椭圆工具制作蒙版动画效果。最终效果参看云盘中的"Ch03 > 制作切换动画效果 > 制作切换动画效果.aep"，如图 3-30 所示。

图 3-30

制作切换动画
效　　果

3.2 制作加载条效果

3.2.1 【训练目标】

使用"导入"命令导入素材文件，使用矩形工具制作蒙版效果，使用时间轴面板设置蒙版属性。最终效果参看云盘中的"Ch03 > 制作加载条效果 > 制作加载条效果.aep"，如图 3-31 所示。

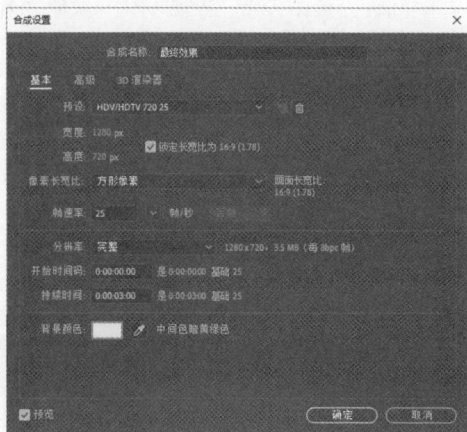

图 3-31

3.2.2 【案例操作】

步骤① 按 Ctrl+N 组合键，弹出"合成设置"对话框，在"合成名称"文本框中输入"最终效果"，将"背景颜色"设为黄绿色（R、G、B 值分别为 225、253、177），其他选项的设置如图 3-32 所示，单击"确定"按钮，创建一个新的合成"最终效果"。

步骤② 选择"文件 > 导入 > 文件"命令，在弹出的"导入文件"对话框中选择云盘中的"Ch03 > 制作加载条效果 > (Footage) > 01.png ~ 03.png"文件，单击"导入"按钮，导入文件到"项目"面板中，如图 3-33 所示。

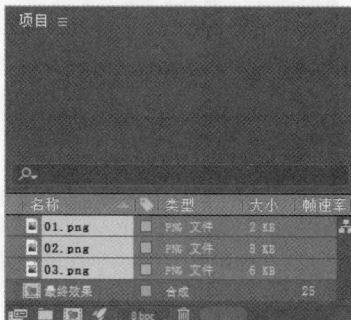

图 3-32　　　　　　　　　　　　　　图 3-33

步骤③ 在"项目"面板中选中"01.png""02.png"文件，并将其拖曳到时间轴面板中，图层的排列如图 3-34 所示。"合成"面板中的效果如图 3-35 所示。

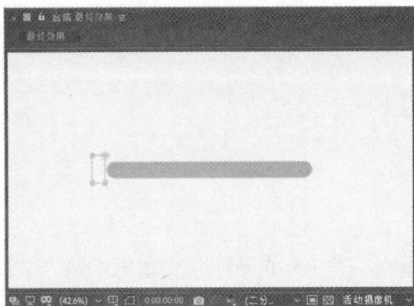

图 3-34　　　　　　　　　　　　　　图 3-35

步骤④ 选中"02.png"图层，选择矩形工具▣，在"合成"面板中拖曳鼠标指针绘制一个矩形蒙版，如图 3-36 所示。按 M 键两次展开"蒙版"属性。单击"蒙版路径"选项左侧的"关键帧自动记录器"按钮⬛，如图 3-37 所示，记录第 1 个"蒙版路径"关键帧。

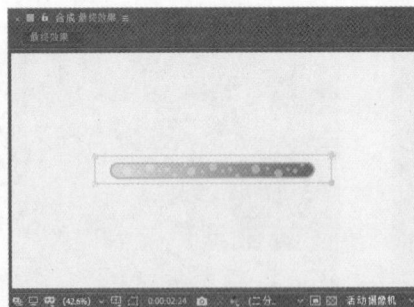

图 3-36　　　　　　　　　　　　　　图 3-37

步骤⑤ 将时间标签放置在 0:00:02:24 的位置。选择选取工具▶，在"合成"面板中同时选中蒙版形状右边的两个控制点，将控制点向右拖曳到图 3-38 所示的位置，在 0:00:02:24 的位置再次记录 1 个关键帧。

步骤⑥ 将时间标签放置在 0:00:00:00 的位置。在时间轴面板中设置"蒙版羽化"数值为 80.0,80.0，"蒙版扩展"数值为–10.0，如图 3-39 所示。

图 3-38　　　　　　　　　　　　　　图 3-39

步骤⑦ 分别单击"蒙版羽化"选项和"蒙版扩展"选项左侧的"关键帧自动记录器"按钮⬛，如图 3-40 所示，记录第 1 个关键帧。

步骤⑧ 将时间标签放置在 0:00:02:24 的位置。设置"蒙版羽化"数值为 0.0,0.0，"蒙版扩展"数值为 0.0，如图 3-41 所示，记录第 2 个关键帧。

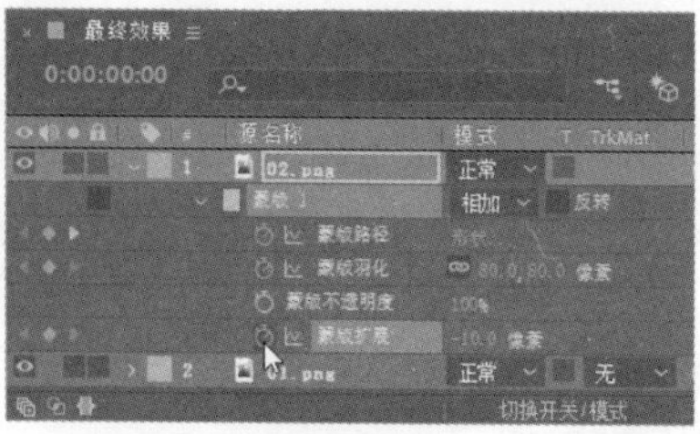

图 3-40

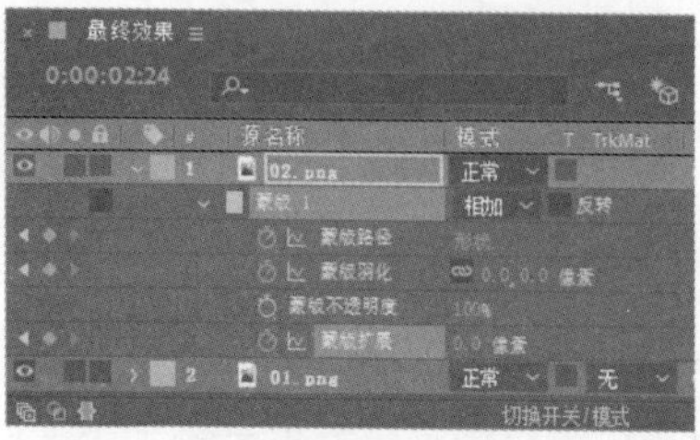

图 3-41

步骤⑨ 在“项目”面板中选中“03.png”文件，并将其拖曳到时间轴面板中，如图 3-42 所示。将时间标签放置在 0:00:02:24 的位置。按 P 键，展开“位置”属性，设置“位置”数值为 340.0,360.0，如图 3-43 所示。

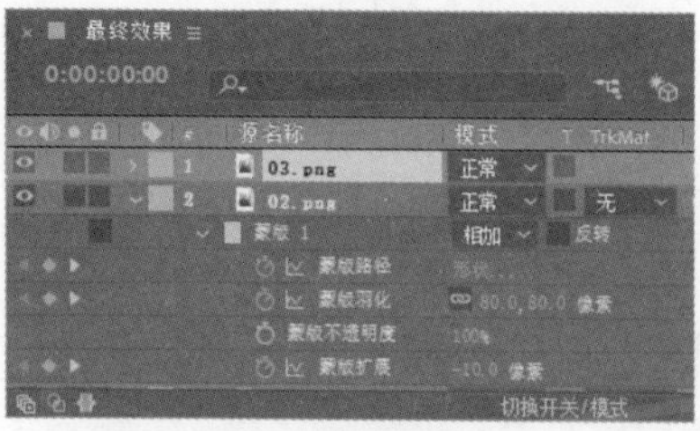

图 3-42

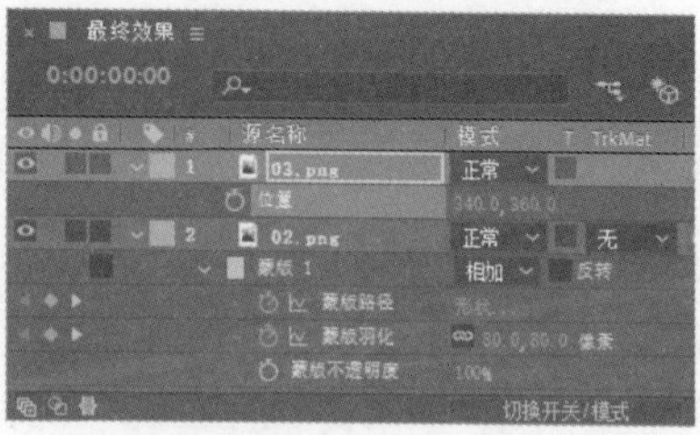

图 3-43

步骤⑩ 单击“位置”选项左侧的“关键帧自动记录器”按钮，如图 3-44 所示，记录第 1 个关键帧。将时间标签放置在 0:00:02:24 的位置。设置“位置”数值为 944.0,360.0，如图 3-45 所示，记录第 2 个关键帧。

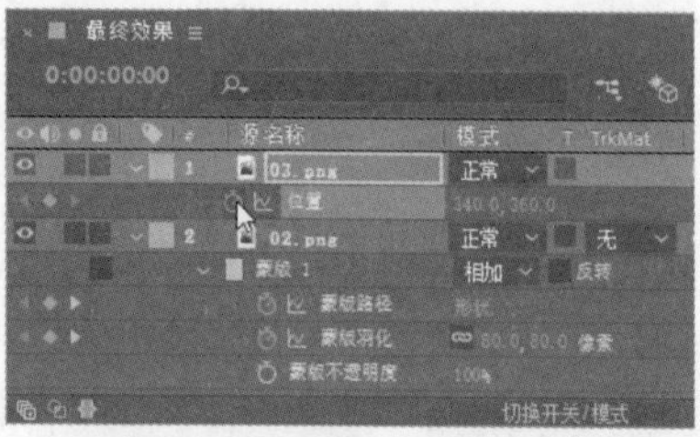

图 3-44

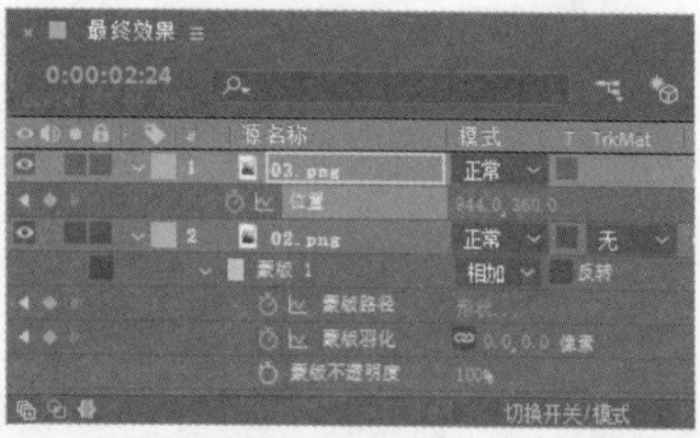

图 3-45

步骤⑪ 加载条效果制作完成，如图 3-46 所示。

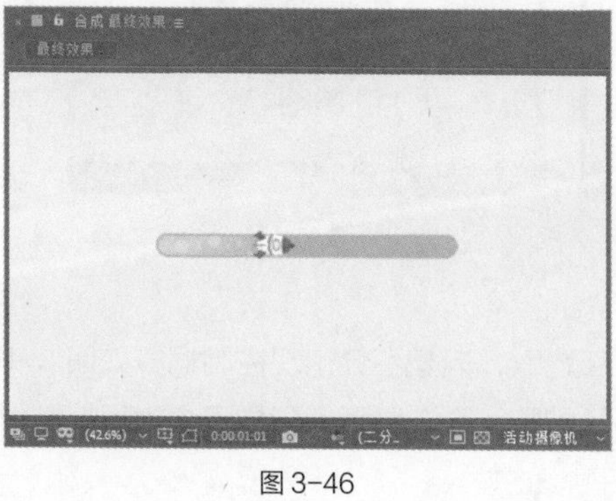

图 3-46

3.2.3 　【相关知识】

1. 编辑蒙版的多种方式

工具栏中除了有创建蒙版的工具以外，还提供了多种编辑蒙版的工具。

选取工具▶：使用此工具可以在“合成”面板或者“图层”面板中选择和移动路径上的节点或者整个路径。

添加“顶点”工具✐：使用此工具可以增加路径上的节点。

删除“顶点”工具✐：使用此工具可以减少路径上的节点。

转换“顶点”工具◣：使用此工具可以改变路径的曲率。

蒙版羽化工具✐：使用此工具可以改变蒙版边缘的羽化程度。

> **提示**
>
> 由于在“合成”面板中可以看到很多图层，因此不方便在其中调整蒙版。建议双击目标图层，然后在“图层”面板中对蒙版进行各种操作。

（1）节点的选择和移动

使用选取工具▶选中目标图层，然后直接单击路径上的节点，可以拖曳鼠标指针或利用键盘上的方向键来实现位置移动；如果要取消选择，在空白处单击即可。

（2）线的选择和移动

使用选取工具▶选中目标图层，然后直接单击路径上两个节点之间的线段，可以拖曳鼠标指针或利用键盘上的方向键来实现位置移动；如果要取消选择，在空白处单击即可。

（3）多个节点或者多条线段的选择、移动、旋转和缩放

使用选取工具▶选中目标图层，首先单击路径上的第一个节点或第一条线段，然后在按住 Shift 键的同时，单击其他的节点或者线段，实现同时选择的目的。也可以通过拖曳出一个选区，用框选的方法进行多选，或者全部选择。

同时选中这些节点或者线段之后，在被选中的对象上双击会出现一个控制框。在这个控制框中，可以非常方便地进行位置移动、旋转或者缩放等操作，如图 3-47～图 3-49 所示。

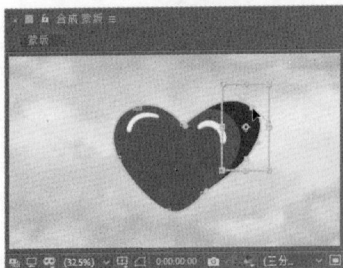 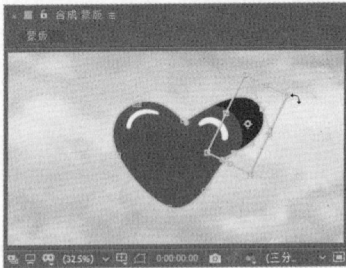 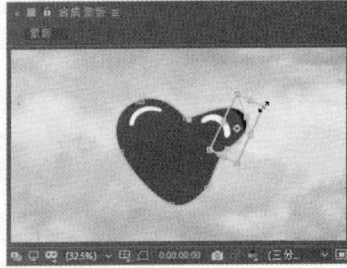

　　图 3-47　　　　　　　　　　图 3-48　　　　　　　　　　图 3-49

全选路径的快捷方法如下。

通过框选的方法将路径全部选取，但是不会出现控制框，如图 3-50 所示。

按住 Alt 键的同时单击路径，即可全选路径，同样不会出现控制框。

在没有选择多个节点的情况下，在路径上双击，即可全选路径，还会出现一个控制框。

在时间轴面板中选中有蒙版的图层，按 M 键，展开"蒙版路径"属性，单击该属性的名称或蒙版名称即可全选路径，使用此方法也不会出现控制框，如图 3-51 所示。

图 3-50

图 3-51

> **提示**
>
> 将节点全部选中，执行"图层 > 蒙版和形状路径 > 自由变换点"命令，或按 Ctrl+T 组合键会出现控制框。

（4）多个蒙版层次的调整

当图层中含有多个蒙版时，蒙版间就存在上下层的关系，此关系关联到一个非常重要的部分——蒙版混合模式的选择，因为 After Effects 处理多个蒙版的先后次序是从上至下的，所以蒙版的排列会直接影响最终的混合效果。

在时间轴面板中直接选中某个蒙版，然后上下拖曳即可改变其层次，如图 3-52 所示。

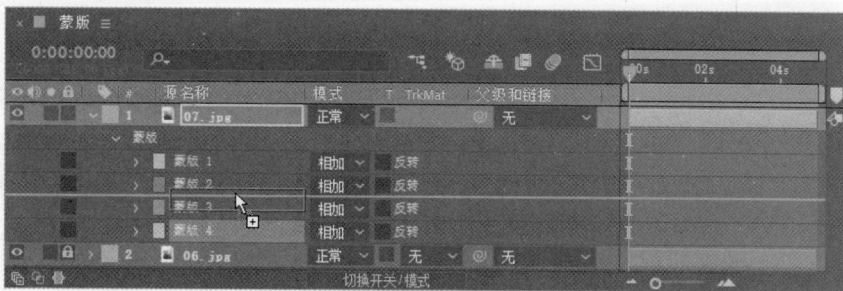

图 3-52

在"合成"面板或者"图层"面板中选中一个蒙版，然后选择以下命令，可调整蒙版层次。

选择"图层 > 排列 > 将蒙版置于顶层"命令，或按 Ctrl+Shift+] 组合键，将选中的蒙版放置到顶层。

选择"图层 > 排列 > 将蒙版前移一层"命令，或按 Ctrl+] 组合键，将选中的蒙版往上移动一层。

选择"图层 > 排列 > 将蒙版后移一层"命令，或按 Ctrl + [组合键，将选中的蒙版往下移动一层。

选择"图层 > 排列 > 将蒙版置于底层"命令，或按 Ctrl+ Shift+ [组合键，将选中的蒙版放置到底层。

2. 在时间轴面板中调整蒙版的属性

蒙版不是一个简单的轮廓，在时间轴面板中，可以对蒙版的其他属性进行详细设置和动画处理。

单击图层颜色标签左侧的小箭头按钮 > ，展开图层属性，如果图层中含有蒙版，就可以看到蒙版。单击蒙版名称左侧的小箭头按钮 > ，即可展开各个蒙版路径，单击其中任意一个蒙版路径颜色标签左侧的小箭头按钮 > ，即可展开此蒙版路径的属性，如图 3-53 所示。

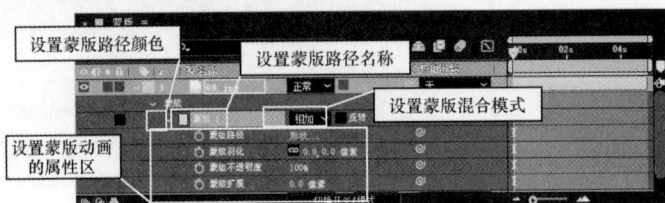

图 3-53

> **提示**
>
> 选中某图层，连续按两次 M 键，可展开此图层蒙版路径的所有属性。

蒙版路径属性设置

设置蒙版路径颜色：单击蒙版路径左侧的颜色标签 ，弹出颜色对话框，在其中可选择合适的颜色以区分各个蒙版路径。

设置蒙版路径名称：选中蒙版路径，按 Enter 键会出现文本输入框，修改完成后再次按 Enter 键即可。

设置蒙版混合模式：当图层含有多个蒙版时，可以选择不同的混合模式。需要注意的是多个蒙版的上下层次关系对混合模式的最终效果有很大影响。After Effects 处理多个蒙版时是从上至下逐一处理的。

无：选择此模式，路径将仅作为路径存在，没有蒙版作用，如图 3-54 和图 3-55 所示。

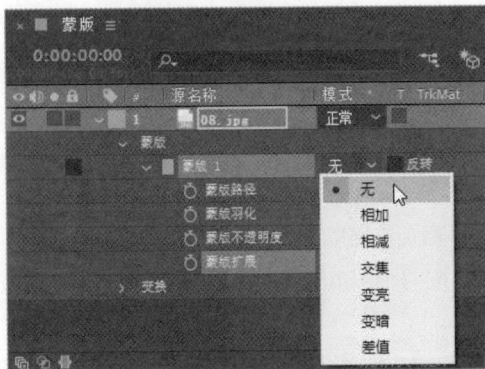

图 3-54

图 3-55

相加：对当前蒙版区域与其上的蒙版区域进行乘法混合，对于蒙版重叠处的不透明度，则在非重叠不透明度的基础上以相乘的方式处理。例如，某蒙版作用前，蒙版重叠区域画面的不透明度为 50%，如果当前蒙版的不透明度是 50%，运算后最终得出的蒙版重叠区域画面的不透明度是 75%，如图 3-56 和图 3-57 所示。

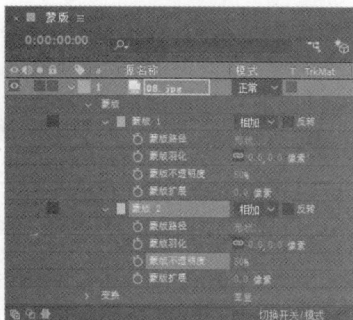 

图 3-56   图 3-57

相减：蒙版相减模式，将当前蒙版上面的蒙版对象减去，当前蒙版区域的内容不显示。如果同时调整蒙版的不透明度，则不透明度越高，蒙版重叠区域越透明；不透明度越低，蒙版重叠区域越不透明，上下两个蒙版不透明度都为 100% 的情况如图 3-58 和图 3-59 所示。例如，某蒙版作用前，蒙版重叠区域画面的不透明度为 80%，若设置当前蒙版的不透明度为 50%，则运算后最终得出的蒙版重叠区域画面的不透明度为 40%，如图 3-60 和图 3-61 所示。

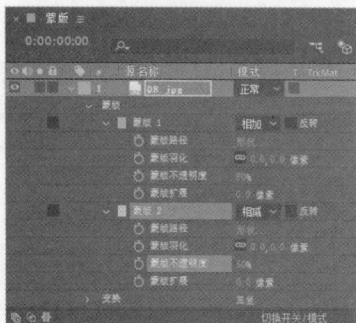

图 3-58   图 3-59

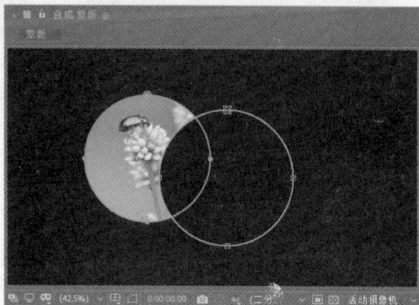

图 3-60   图 3-61

交集：采取交集方式混合蒙版，只显示当前蒙版与其上面所有蒙版组合的结果中相交部分的内容，相交区域的透明度是在上层蒙版不透明度的基础上再进行百分比运算，上下两个蒙版不透明度都为 100% 的情况如图 3-62 和图 3-63 所示。例如，某蒙版作用前，蒙版重叠区域画面的不透明度为 60%，如果设置当前蒙版的不透明度为 50%，则运算后最终得出的画面的不透明度为 30%，如图 3-64 和图 3-65 所示。

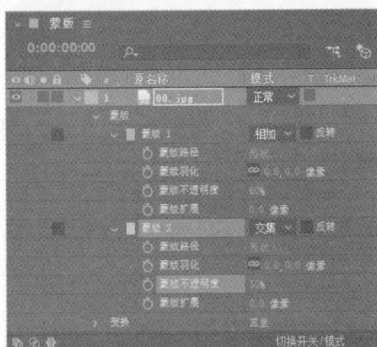

图 3-62

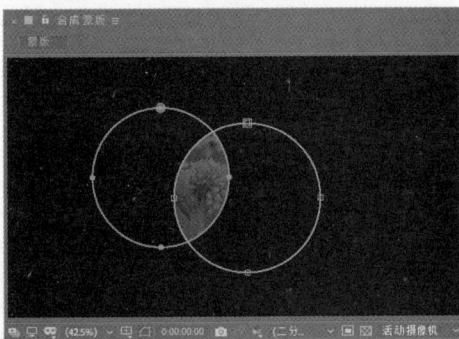

图 3-63

图 3-64

图 3-65

变亮：对可视区域来讲，此模式与"相加"模式一样，但是对于蒙版重叠处的不透明度，则采用不透明度较高蒙版的不透明度。例如，某蒙版作用前，蒙版的重叠区域画面的不透明度为 60%，如果设置当前蒙版的不透明度为 80%，则运算后最终得出的蒙版重叠区域画面的不透明度为 80%，如图 3-66 和图 3-67 所示。

图 3-66

图 3-67

变暗：对可视区域来讲，此模式与"相减"模式一样，但是对于蒙版重叠处的不透明度，则采用不透明度较低蒙版的不透明度。例如，某蒙版作用前，重叠区域画面的不透明度是 40%，如果设置当前蒙版的不透明度为 100%，则运算后最终得出的蒙版重叠区域画面的不透明度为 40%，如图 3-68 和图 3-69 所示。

图 3-68 图 3-69

差值：此模式对于可视区域采取的是并集减交集的方式。也就是说，先对当前蒙版与上面所有蒙版组合的结果进行并集运算，然后将当前蒙版与上面所有蒙版组合的结果中的相交部分相减。关于不透明度，与上面蒙版组合不相交的部分采取当前蒙版的不透明度，相交部分采用两者之间的差值，上下两个蒙版不透明度都为 100% 的情况如图 3-70 和图 3-71 所示。例如，某蒙版作用前，重叠区域画面的不透明度为 40%，如果设置当前蒙版的不透明度为 60%，则运算后最终得出的蒙版重叠区域画面的不透明度为 20%。当前蒙版未重叠区域的不透明度为 60%，如图 3-72 和图 3-73 所示。

图 3-70 图 3-71

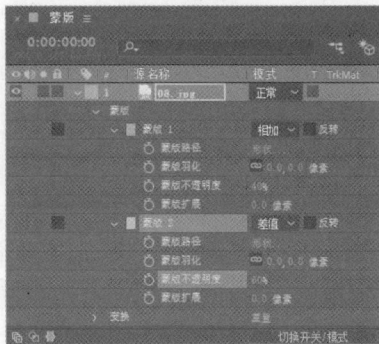

图 3-72 图 3-73

反转：对蒙版进行反向处理，未反转和反转后的效果分别如图 3-74 和图 3-75 所示。

图 3-74　　　　　　　　　　　　　　　　图 3-75

可以对蒙版动画的属性区进行设置。

蒙版路径：用于设置蒙版形状，单击右侧的"形状"文字按钮，会弹出"蒙版形状"对话框，选择"图层 > 蒙版 > 蒙版形状"命令也可打开该对话框。

蒙版羽化：用于控制蒙版羽化效果，可以通过羽化蒙版得到更自然的融合效果，并且 x 轴和 y 轴可以有不同的羽化程度，如图 3-76 所示。

蒙版不透明度：用于调整蒙版的不透明度，不透明度为 100% 和 50% 时的效果分别如图 3-77 和图 3-78 所示。

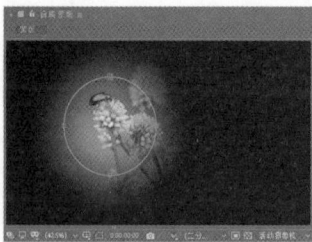
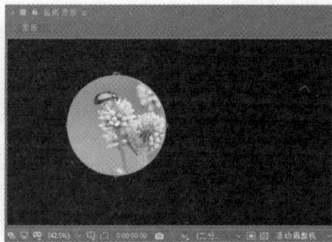
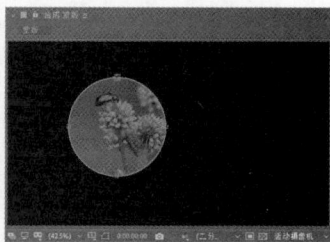

图 3-76　　　　　　　　　图 3-77　　　　　　　　　图 3-78

蒙版扩展：用于调整蒙版的扩展程度，正值为扩展蒙版区域，负值为收缩蒙版区域，蒙版扩展设置为 40 和 −40 时的效果分别如图 3-79 和图 3-80 所示。

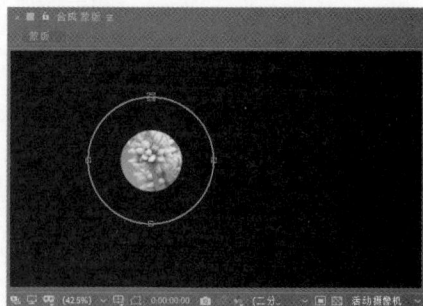

图 3-79　　　　　　　　　　　　　　　　图 3-80

3.2.4　【实战演练】——制作文化文字出现效果

使用"导入"命令导入素材，使用椭圆工具添加蒙版，使用"蒙版路径"属性添加关键帧以制作动画效果，使用"蒙版扩展"属性制作文字出现动画效果。最终效果参看云盘中的"Ch03 > 制作文化文字出现效果 > 制作文化文字出现效果.aep"，如图 3-81 所示。

制作文化文字
出现效果

图 3-81

3.3 综合案例——制作动感相册效果

使用"导入"命令导入素材，使用矩形工具和椭圆工具制作蒙版，使用关键帧制作蒙版动画效果。最终效果参看云盘中的"Ch03 > 制作动感相册效果 > 制作动感相册效果.aep"，如图 3-82 所示。

制作动感相册
效　　果

图 3-82

3.4 综合案例——制作调色效果

使用"色阶""定向模糊"命令调整图像效果，使用钢笔工具制作蒙版。最终效果参看云盘中的"Ch03 > 制作调色效果 > 制作调色效果.aep"，如图 3-83 所示。

制作调色
效　　果

图 3-83

04

第 4 章
应用时间轴制作效果

　　应用时间轴制作效果是 After Effects 的重要功能，本章详细讲解时间轴、时间重映射、关键帧的概念、关键帧的基本操作等内容。读者学习本章内容后，能够应用时间轴制作视频效果。

课堂学习目标

✓　掌握时间轴和时间重映射的操作方法
✓　理解关键帧的概念
✓　掌握关键帧的基本操作方法

素养目标

✓　提升复杂问题的解决能力

4.1 制作倒放文字效果

4.1.1 【训练目标】

　　使用"导入"命令导入素材文件，使用"位置"属性和"不透明度"属性制作文字动画效果，使用"时间伸缩"命令和"入"命令（快捷键：[）制作动画倒放效果。最终效果参看云盘中的"Ch04 > 制作倒放文字效果 > 制作倒放文字效果.aep"，如图 4-1 所示。

制作倒放文字
效　　　　果

图 4-1

4.1.2 【案例操作】

步骤① 按 Ctrl+N 组合键，弹出"合成设置"对话框，在"合成名称"文本框中输入"文字"，其他选项的设置如图 4-2 所示，单击"确定"按钮，创建一个新的合成"文字"。

步骤② 选择"文件 > 导入 > 文件"命令，弹出"导入文件"对话框，选择云盘中的"Ch04 > 制作倒放文字效果 > (Footage) > 01.mp4 和 02.png"文件，单击"导入"按钮，导入文件到"项目"面板中。

步骤③ 在"项目"面板中选中"02.png"文件，并将其拖曳到时间轴面板中。"合成"面板中的效果如图 4-3 所示。

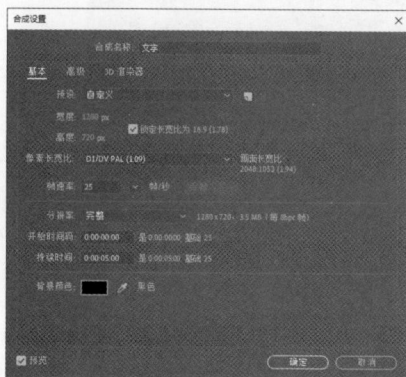

图 4-2

图 4-3

步骤④ 将时间标签放置在 0:00:03:00 的位置。按 P 键，展开"位置"属性，设置"位置"数值为 972.0, 360.0，单击"位置"选项左侧的"关键帧自动记录器"按钮 ⊙，如图 4-4 所示，记录第 1 个关键帧。将时间标签放置在 0:00:04:00 的位置。设置"位置"数值为 972.0, 903.0，如图 4-5 所示，记录第 2 个关键帧。

图 4-4　　　　　　　　　　　　　　　　　图 4-5

步骤⑤　将时间标签放置在 0:00:03:00 的位置。按 T 键，展开"不透明度"属性，单击"不透明度"选项左侧的"关键帧自动记录器"按钮，如图 4-6 所示，记录第 1 个关键帧。将时间标签放置在 0:00:04:15 的位置。设置"不透明度"数值为 0%，如图 4-7 所示，记录第 2 个关键帧。

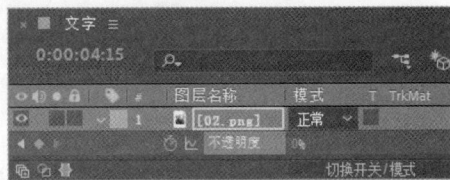

图 4-6　　　　　　　　　　　　　　　　　图 4-7

步骤⑥　按 Ctrl+N 组合键，弹出"合成设置"对话框，在"合成名称"文本框中输入"最终效果"，其他选项的设置如图 4-8 所示，单击"确定"按钮，创建一个新的合成"最终效果"。

步骤⑦　在"项目"面板中选中"01.mp4"文件，并将其拖曳到时间轴面板中。按 S 键，展开"缩放"属性，设置"缩放"数值为 110.0,110.0%，如图 4-9 所示。

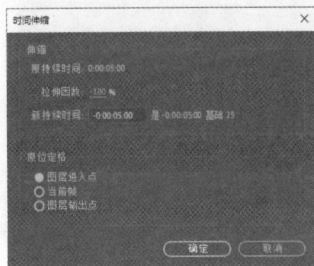

图 4-8　　　　　　　　　　　　　　图 4-9

步骤⑧　在"项目"面板中选中"文字"合成，将其拖曳到时间轴面板中并放置在"01.mp4"图层的上方。选择"图层 > 时间 > 时间伸缩"命令，弹出"时间伸缩"对话框，设置"拉伸因数"数值为-100%，如图 4-10 所示，单击"确定"按钮，时间标签自动移到 0:00:00:00 的位置，如图 4-11 所示。

图 4-10　　　　　　　　　　　　　　图 4-11

步骤⑨ 按 [键将素材对齐,如图 4-12 所示,实现倒放功能。倒放文字效果制作完成,如图 4-13 所示。

图 4-12

图 4-13

4.1.3 【相关知识】

1. 对动态素材应用伸缩功能

选择"文件 > 打开项目"命令,或按 Ctrl+O 组合键,在弹出的"打开"对话框中选择云盘中的"基础素材\Ch04\小视频\小视频.aep"文件,单击"打开"按钮,打开文件。

在时间轴面板中单击██按钮,打开时间伸缩属性,如图 4-14 所示。设置"伸缩"值可以加快或减慢动态素材的播放速度,默认情况下,"伸缩"值为 100%,代表以正常速度播放素材;小于 100% 时,素材会加快播放速度;大于 100% 时,素材将减慢播放速度。不过时间伸缩属性不可以设置关键帧,因此不能制作时间速度变速的动画效果。

图 4-14

2. 对音频应用伸缩功能

除了视频,在 After Effects 里还可以对音频应用伸缩功能。调整音频层的"伸缩"值,随着"伸缩"值的变化,可以听到声音的变化,如图 4-15 所示。

图 4-15

如果某个素材同时包含音频和视频信息,在进行伸缩速度调整时,希望只影响视频,音频保持正常播放速度,需要将该素材复制一份,关闭一个层中的视频部分,保留音频部分,不改变伸缩速度;关闭另一个层的音频部分,保留视频部分,进行伸缩速度调整。

3. 设置图层的入点和出点

在时间轴面板中可以方便地设置图层的入点和出点，同时时间轴面板中还包含"伸缩"功能，可以通过改变"伸缩"值来改变素材片段的播放速度。

在时间轴面板中调整当前时间标签到某个时间位置，在按住 Ctrl 键的同时，单击入点或者出点参数，即可改变素材片段的播放速度，如图 4-16 所示。

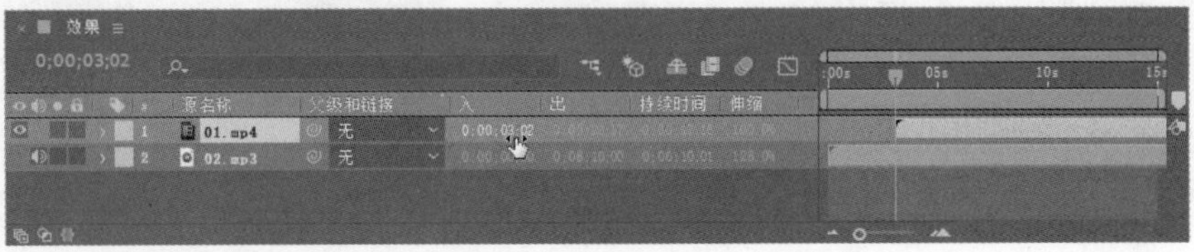

图 4-16

4. 时间轴上的关键帧

如果已经在素材层上制作了关键帧动画，那么在改变其"伸缩"值时，不仅会影响素材本身的播放速度，关键帧之间的时间距离也会随之改变。例如，将"伸缩"值设置为 50%，那么原来关键帧之间的距离就会缩短一半，关键帧动画的播放速度也会加快一倍，如图 4-17 所示。

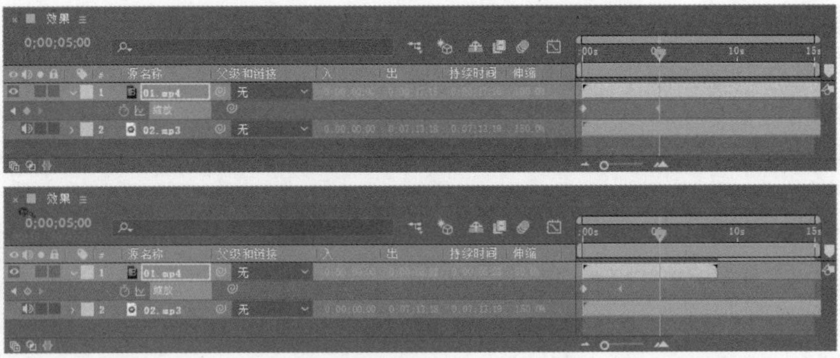

图 4-17

如果不希望改变"伸缩"值时影响关键帧的时间位置，则需要全选当前层的所有关键帧，然后选择"编辑 > 剪切"命令，或按 Ctrl+X 组合键，暂时将关键帧信息剪切到系统剪贴板中；调整"伸缩"值，改变动画的播放速度后，选取应用了关键帧的属性，再选择"编辑 > 粘贴"命令，或按 Ctrl+V 组合键，将关键帧粘贴回当前层。

5. 颠倒时间

在视频中经常会看到倒放的动态影像，利用伸缩属性可以很方便地实现这一点。例如，如果想保持片段原来的播放速度，只实现倒放，可以将"伸缩"值设置为-100%，如图 4-18 所示。

图 4-18

将伸缩属性设置为负值时，图层上会出现蓝色的斜线，表示已经颠倒了时间。但是图层会移动到别的地方，这是因为颠倒时间是以图层的入点为变化基准进行的，所以反向后会导致位置上的变动，将其拖曳到合适位置即可。

6. 确定时间调整基准点

在拉伸时间和颠倒时间的过程中，默认情况下变化的基准点是入点。其实在 After Effects 中，时间调整的基准点是可以改变的。

单击伸缩参数，弹出"时间伸缩"对话框，在该对话框的"原位定格"区域可以设置改变时间伸缩值时图层变化的基准点，如图 4-19 所示。

图层进入点：以图层入点为基准，也就是在调整过程中固定入点位置。

当前帧：以当前时间标签为基准，也就是在调整过程中，同时影响入点和出点的位置。

图层输出点：以图层出点为基准，也就是在调整过程中固定出点位置。

图 4-19

7. "启用时间重映射"命令

在时间轴面板中选择视频图层，选择"图层 > 时间 > 启用时间重映射"命令，或按 Ctrl+Alt+T 组合键，激活"时间重映射"属性，如图 4-20 所示。

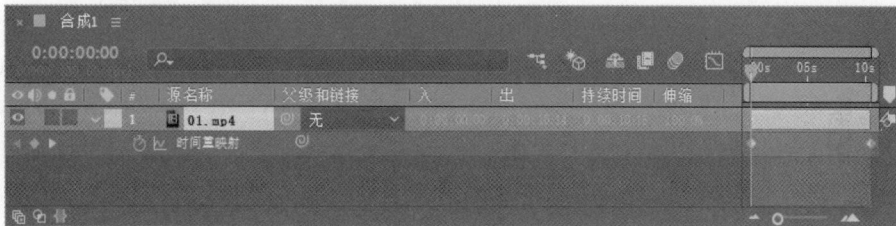

图 4-20

激活"时间重映射"属性后会自动在视频图层的入点和出点位置添加两个关键帧，入点位置的关键帧对应的是素材片段开始的时间，出点位置的关键帧对应的是素材片段结束的时间，也就是 0:00:10:15。

8. 时间重映射的使用方法

（1）在时间轴面板中，移动当前时间标签到 0:00:05:00 的位置，单击"在当前时间添加或移除关键帧"按钮 ，如图 4-21 所示，生成一个关键帧，这个关键帧记录了素材片段 0:00:05:00 这个时间。

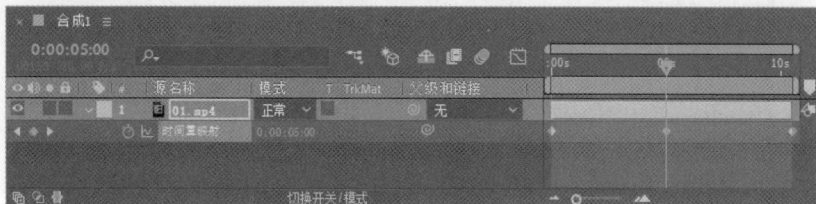

图 4-21

（2）将刚刚生成的关键帧向左移动到 0：00：02：00 的位置，这样，从开始到 0：00：02：00 的位置
会播放 0：00：00：00 到 0：00：05：00 的素材片段内容。因此，从 0：00：00：00 到 0：00：02：00，素材
片段会快速播放，而 0：00：02：00 以后，素材片段会慢速播放，因为最后的关键帧并没有发生位置移
动，如图 4-22 所示。

图 4-22

（3）按 0 键预览动画效果，按任意键结束预览。

（4）再次将当前时间标签移动到 0：00：05：00 的位置，单击"在当前时间添加或移除关键帧"
按钮 ，生成一个关键帧，这个关键帧记录了素材片段的 0：00：06：28 这个时间，如图 4-23 所示。

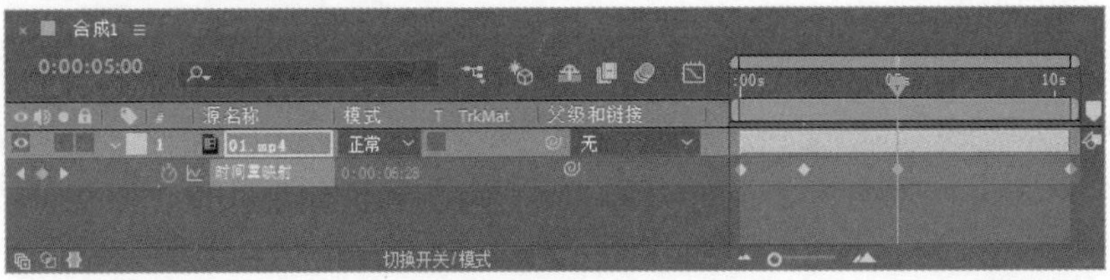

图 4-23

（5）将记录了素材片段 0：00：06：28 的关键帧移动到 0：00：01：00 的位置，会播放 0：00：00：00
到 0：00：06：28 的素材片段内容，播放速度非常快；从 0：00：01：00 到 0：00：02：00 的位置，会反向
播放 0：00：06：28 到 0：00：05：00 的素材片段内容； 0：00：02：00 以后，会重新播放 0：00：03：00 到
0：00：10：15 的素材片段内容，如图 4-24 所示。

图 4-24

（6）切换到"图形编辑器"模式，调整这些关键帧的运动速率，以形成各种变化，如图 4-25
所示。

图 4-25

4.1.4 【实战演练】——制作瓷器展短视频

使用"时间伸缩"命令控制视频的播放时间，使用时间轴面板控制动画的入点和出点，使用"不透明度"属性制作不透明度动画。最终效果参看云盘中的"Ch04 > 制作瓷器展短视频 > 制作瓷器展短视频.aep"，如图 4-26 所示。

图 4-26

4.2 制作旅游广告效果

4.2.1 【训练目标】

使用图层调整飞机位置或运动方向，使用"动态草图"命令绘制动画路径并自动添加关键帧，使用"平滑器"命令自动减少关键帧。最终效果参看云盘中的"Ch04 > 制作旅游广告效果 > 制作旅游广告效果.aep"，如图 4-27 所示。

图 4-27

4.2.2 【案例操作】

步骤❶ 按 Ctrl+N 组合键，弹出"合成设置"对话框，在"合成名称"文本框中输入"最终效果"，其他选项的设置如图 4-28 所示，单击"确定"按钮，创建一个新的合成"最终效果"。选择"文件 > 导入 > 文件"命令，在弹出的"导入文件"对话框中选择云盘中的"Ch04 > 旅游广告 > (Footage) > 01.jpg ~ 04.png"文件，单击"导入"按钮，导入图片到"项目"面板中，如图 4-29 所示。

图 4-28　　　　　　　　　　　　　　　　图 4-29

步骤② 在"项目"面板中选中"01.jpg""02.png""03.png"文件，并将它们拖曳到时间轴面板中，图层的排列如图 4-30 所示。选中"02.png"图层，按 P 键，展开"位置"属性，设置"位置"数值为 705.0,334.0，如图 4-31 所示。

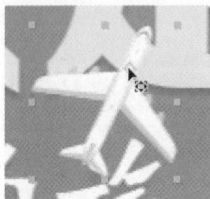

图 4-30　　　　　　　　　　　　　　　　图 4-31

步骤③ 选中"03.png"图层，选择向后平移（锚点）工具，在"合成"面板中调整飞机的中心点位置，如图 4-32 所示。按 P 键，展开"位置"属性，设置"位置"数值为 909.0,685.0，如图 4-33 所示。

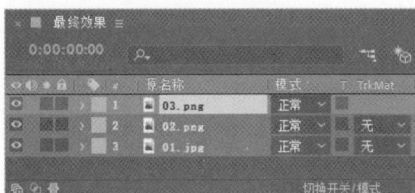

图 4-32　　　　　　　　　　　　　　　　图 4-33

步骤④ 按 R 键，展开"旋转"属性，设置"旋转"数值为 0x+57.0°，如图 4-34 所示。"合成"面板中的效果如图 4-35 所示。

图 4-34　　　　　　　　　　　　　　　　图 4-35

步骤⑤ 选择"窗口 > 动态草图"命令,弹出"动态草图"面板,在其中设置相关参数,如图 4-36 所示,单击"开始捕捉"按钮。当"合成"面板中的鼠标指针变成十字形状时,在面板中绘制运动路径,如图 4-37 所示。

图 4-36

图 4-37

步骤⑥ 选择"图层 > 变换 > 自动定向"命令,弹出"自动方向"对话框,在该对话框中选择"沿路径定向"单选项,如图 4-38 所示,单击"确定"按钮。"合成"面板中的效果如图 4-39 所示。

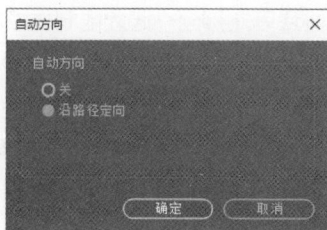

图 4-38

图 4-39

步骤⑦ 按 P 键,展开"位置"属性,单击属性名称,将所有关键帧选中。用框选的方法选中所有的关键帧,选择"窗口 > 平滑器"命令,打开"平滑器"面板,在该面板中设置相关参数,如图 4-40 所示,单击"应用"按钮。"合成"面板中的效果如图 4-41 所示。操作完成后,动画会更加流畅。

图 4-40

图 4-41

步骤⑧ 在"项目"面板中选中"04.png"文件，将其拖曳到时间轴面板中，如图 4-42 所示。"合成"面板中的效果如图 4-43 所示。旅游广告效果制作完成。

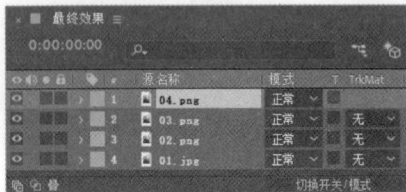

图 4-42　　　　　　　　　　　　　　　图 4-43

4.2.3 【相关知识】

1. 关键帧的概念

在 After Effects 中，把包含关键信息的帧称为关键帧。锚点、旋转和不透明度等所有能够用数值表示的信息都包含在关键帧中。

在制作电影时，通常要制作许多不同的片段，然后将这些片段连接到一起才能制作成电影。每一个片段的开头和结尾都要做标记，这样在看到标记时就知道这一段内容是什么。

在 After Effects 中，依据前后两个关键帧识别动画开始和结束的状态，并自动计算中间的动画过程（此过程也叫插值运算），从而产生视觉动画。这也就意味着，要产生关键帧动画，就必须有两个或两个以上有变化的关键帧。

2. 关键帧自动记录器

After Effects 提供了非常丰富的方法来调整和设置图层的各个属性，但是在普通状态下，这种设置是针对整个持续时间的，如果要进行动画处理，则必须单击"关键帧自动记录器"按钮，记录两个或两个以上含有不同信息的关键帧，如图 4-44 所示。

图 4-44

当某个图层某属性的关键帧自动记录器为启用状态时，After Effects 将自动记录当前时间标签下该图层该属性的任何变动，并形成关键帧。如果关闭关键帧自动记录器，则该属性添加的所有的关键帧将被删除。由于缺少关键帧，动画信息会丢失，因此再次调整属性时，是针对整个持续时间进行调整。

3．添加关键帧

添加关键帧的方式有很多，基本方法是先激活某属性的关键帧自动记录器，然后改变属性值，在当前时间位置形成关键帧，具体操作步骤如下。

（1）选择某图层，单击小箭头按钮 ▶ 或按调出属性的快捷键，展开图层的属性。

（2）将时间标签移动到建立第 1 个关键帧的时间位置。

（3）单击某属性左侧的"关键帧自动记录器"按钮 ⏱，该时间位置将产生第 1 个关键帧 ◆，调整此属性的值。

（4）将时间标签移动到建立下一个关键帧的时间位置，在"合成"面板或者时间轴面板中调整相应的图层属性，关键帧将自动产生。

（5）按 0 键，预览动画。

另外，单击时间轴面板中的 ◇ 按钮，可以添加关键帧；如果是在已经有关键帧的情况下单击此按钮，则会删除已有的关键帧，其组合键是 Alt+Shift+属性快捷键，如 Alt+Shift+P 组合键。

> **提示**
>
> 如果启用了某图层的蒙版属性的关键帧自动记录器，那么在"图层"面板中调整蒙版时也会产生关键帧信息。

4．关键帧导航

时间轴面板最主要的功能是关键帧导航，通过关键帧导航可以快速跳转到上一个或下一个关键帧位置，还可以方便地添加或者删除关键帧。如果面板中没有显示关键帧导航的相关按钮，可以单击时间轴面板左上方的 ▤ 按钮，在弹出的列表中选择"列数 > A/V 功能"选项，如图 4-45 所示。

图 4-45

> **提示**
>
> 要对关键帧进行导航操作，就必须将关键帧显示出来，按 U 键可显示图层中的所有关键帧。

◀：跳转到上一个关键帧位置，其快捷键是 J。

▶：跳转到下一个关键帧位置，其快捷键是 K。

> **提示**
>
> 关键帧导航按钮仅对相应属性的关键帧有效，快捷键 J 和 K 则可以对画面中显现的所有关键帧进行导航。

"在当前时间添加或移除关键帧"按钮◆：当前没有关键帧状态，单击此按钮将生成关键帧。

"在当前时间添加或移除关键帧"按钮◆：当前已有关键帧状态，单击此按钮将删除关键帧。

5. 选择关键帧

（1）选择单个关键帧

在时间轴面板中展开某个含有关键帧的属性，单击某个关键帧，此关键帧即被选中。

（2）选择多个关键帧

在时间轴面板中，按住 Shift 键的同时，逐个选择关键帧，即可选择多个关键帧。

在时间轴面板中，用鼠标指针拖曳出一个选取框，选取框内的所有关键帧即被选中，如图 4-46 所示。

图 4-46

（3）选择所有关键帧

单击图层属性名称，即可选择所有关键帧，如图 4-47 所示。

图 4-47

6. 编辑关键帧

（1）编辑关键帧值

在关键帧上双击，在弹出的对话框中进行设置，如图 4-48 所示。

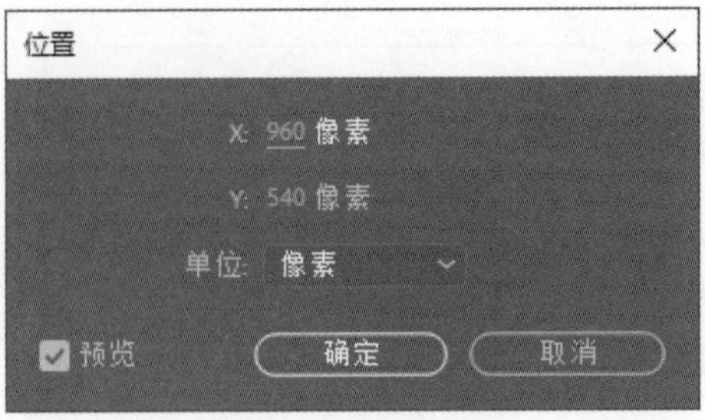

图 4-48

提示

　　不同的属性对话框中呈现的内容也会不同，图 4-48 所示为双击"位置"属性关键帧时弹出的对话框。

要在"合成"面板或者时间轴面板中调整关键帧，就必须选中当前关键帧，否则将生成新的关键帧，如图 4-49 所示。

图 4-49

在按住 Shift 键的同时，移动当前时间标签，时间标签将自动对齐最近的一个关键帧；如果在按住 Shift 键的同时移动关键帧，关键帧将自动对齐当前时间标签。

要同时改变某属性的几个或所有关键帧的值，需要同时选中这些关键帧，并确定当前时间标签刚好对齐选中的某一个关键帧，再进行修改，如图 4-50 所示。

图 4-50

（2）移动关键帧

选中单个或者多个关键帧，将其拖曳到目标时间位置即可移动关键帧；还可以在按住 Shift 键的同时，将关键帧锁定到当前时间标签位置。

（3）复制关键帧

复制关键帧可以大大提高创作效率，避免重复操作，但是在进行粘贴操作前一定要注意当前选择的目标图层、目标图层的目标属性，以及当前时间标签所在位置，因为这是粘贴操作的重要依据。具体操作步骤如下。

选中要复制的单个或多个关键帧，如图 4-51 所示。

图 4-51

选择"编辑 > 复制"命令，复制选中的多个关键帧。选择目标图层，将时间标签移动到目标时间位置，如图 4-52 所示。

图 4-52

选择"编辑 > 粘贴"命令，粘贴复制的关键帧，如图 4-53 所示。

图 4-53

关键帧的复制和粘贴操作不仅可以在本图层上执行，也可以在不同图层上执行，这要求两个属性的数据类型必须一致。例如，将某个二维图层的"位置"动画信息复制到另一个二维图层的"锚点"属性上，由于两个属性的数据类型一致（都是 x 轴向和 y 轴向的两个值），因此可以实现复制和粘贴操作。只要在执行粘贴操作前，确定选中目标图层的目标属性即可，如图 4-54 所示。

图 4-54

> **提示**
> 如果粘贴的关键帧与目标图层上的关键帧在同一时间位置，将覆盖目标图层上原来的关键帧。另外，图层的属性值在无关键帧时可以进行复制，通常用于统一不同图层间的属性。

（4）删除关键帧

选中需要删除的单个或多个关键帧，选择"编辑 > 清除"命令，进行删除操作。

选中需要删除的单个或多个关键帧，按 Delete 键，即可完成删除。

将时间标签对齐关键帧的位置，时间轴面板中的"在当前时间添加或移除关键帧"按钮处于 状态，单击该按钮将删除当前关键帧，或按 Alt+Shift+属性快捷键，例如 Alt+Shift+P 组合键。

如果要删除某属性的所有关键帧，可以单击属性的名称选中全部关键帧，然后按 Delete 键；或者单击关键帧属性前的"关键帧自动记录器"按钮，将其关闭。

4.2.4 【实战演练】——制作运动的蝌蚪效果

使用"位置"属性、"缩放"属性和"旋转"属性编辑蝌蚪位置、大小和方向，使用"动态草图"命令绘制动画路径并自动添加关键帧，使用"平滑器"命令自动减少关键帧，使用"投影"命令给蝌蚪添加投影。最终效果参看云盘中的"Ch04 > 制作运动的蝌蚪效果 > 制作运动的蝌蚪效果.aep"，如图 4-55 所示。

图 4-55

4.3 综合案例——制作花世界效果

使用"导入"命令导入视频与图片，使用"缩放"属性制作缩放效果，使用"位置"属性改变形状位置，使用"启用时间重映射"命令添加并编辑关键帧效果。最终效果参看云盘中的"Ch04 > 制作花世界效果 > 制作花世界效果.aep"，如图 4-56 所示。

图 4-56

4.4 综合案例——制作水墨过渡效果

使用"复合模糊"命令制作模糊效果，使用"重置图"命令制作置换效果，使用"不透明度"属性添加关键帧并编辑不透明度效果，使用矩形工具绘制蒙版。最终效果参看云盘中的"Ch04 > 制作水墨过渡效果 > 制作水墨过渡效果.aep"，如图 4-57 所示。

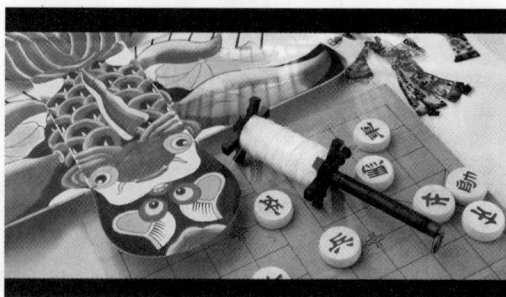

图 4-57

05

第 5 章
创建文字

　　本章对创建文字的方法进行详细讲解，其中包括文字工具的使用、文字图层的创建、文字效果的添加等。通过对本章的学习，读者可以掌握 After Effects 的文字创建技巧。

课堂学习目标

- ✔ 掌握文字工具的使用方法
- ✔ 掌握基本文字效果与路径文字效果的制作方法
- ✔ 掌握编号和时间码效果的应用技巧

素养目标

- ✔ 提升三维空间想象力

5.1　制作打字效果

5.1.1　【训练目标】

使用横排文字工具输入文字或编辑文字，使用"效果和预设"命令制作打字动画。最终效果参看云盘中的"Ch05 > 制作打字效果 > 制作打字效果.aep"，如图 5-1 所示。

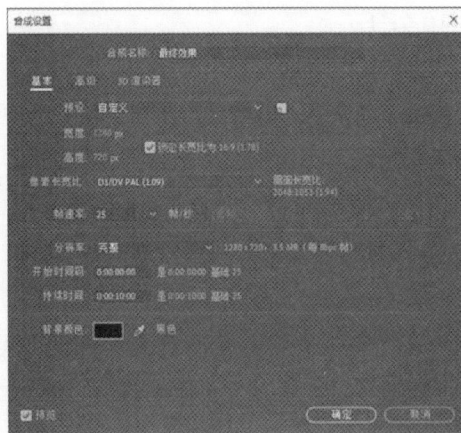

图 5-1

5.1.2　【案例操作】

步骤❶ 按 Ctrl+N 组合键，弹出"合成设置"对话框，在"合成名称"文本框中输入"最终效果"，其他选项的设置如图 5-2 所示，单击"确定"按钮，创建一个新的合成"最终效果"。选择"文件 > 导入 > 文件"命令，在弹出的"导入文件"对话框中选择云盘中的"Ch05\制作打字效果\ (Footage)\ 01.jpg"文件，单击"导入"按钮，将图片导入"项目"面板中，如图 5-3 所示。将其拖曳到时间轴面板中。

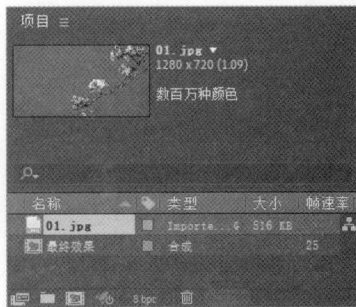

图 5-2　　　　　　　　　　　　　　　　图 5-3

步骤❷ 选择横排文字工具 T，在"合成"面板中输入文字。选中文字，在"字符"面板中设置文字参数，如图 5-4 所示。"合成"面板中的效果如图 5-5 所示。

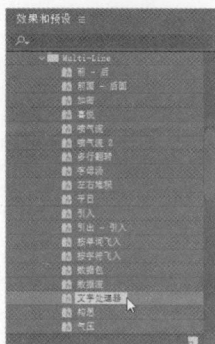

图 5-4   图 5-5

步骤③ 选中文字图层，将时间标签放置在 0：00：00：00 的位置，选择"窗口 > 效果和预设"命令，打开"效果和预设"面板，展开"动画预设"文件夹，双击"Text > Multi-Line > 文字处理器"选项，如图 5-6 所示，应用效果。"合成"面板中的效果如图 5-7 所示。

图 5-6   图 5-7

步骤④ 选中文字图层，按 U 键展开所有关键帧属性，如图 5-8 所示。将时间标签放置在 0：00：08：03 的位置，按住 Shift 键的同时，将第 2 个关键帧拖曳到时间标签所在的位置，并设置"滑块"数值为 100.00，如图 5-9 所示。

图 5-8

图 5-9

步骤⑤ 打字效果制作完成，如图 5-10 所示。

5.1.3 【相关知识】

1. 文字工具

在 After Effects 2020 中创建文字非常方便，有以下几种方法。

选择工具栏中的横排文字工具 **T**，如图 5-11 所示。

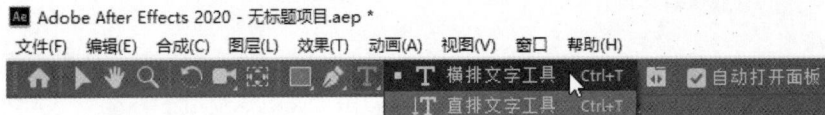

图 5-10

图 5-11

或选择"图层 > 新建 > 文本"命令，或按 Ctrl+Alt+Shift+T 组合键，如图 5-12 所示。

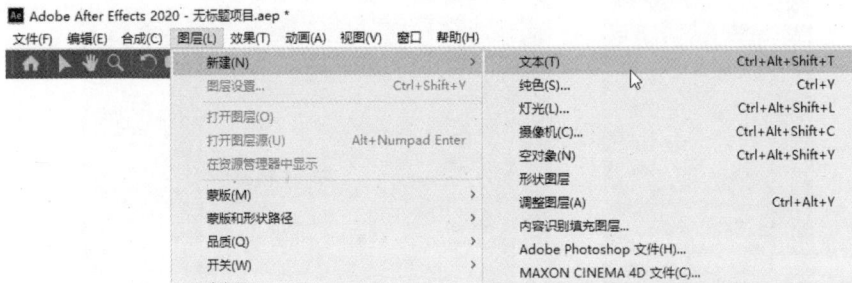

图 5-12

工具栏提供了创建文本的工具，包括横排文字工具 **T** 和直排文字工具 **T**，可以根据需要建立水平文字和垂直文字，如图 5-13 所示。可以在"字符"面板中设置字体、字号、颜色、字间距、行间距和比例关系等，在"段落"面板中设置文本的段落对齐方式，如图 5-14 所示

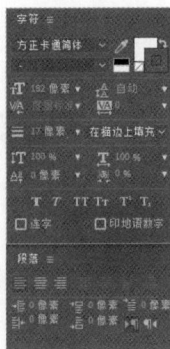

图 5-13

图 5-14

2. 文字图层

在菜单栏中选择"图层 > 新建 > 文本"命令，如图 5-15 所示，可以建立一个文字图层。建立文字图层后，可以直接在"合成"面板中输入需要的文字，如图 5-16 所示。

图 5-15

图 5-16

5.1.4 【实战演练】——制作节气文字效果

使用"导入"命令导入素材，使用"缩放"属性调整视频的大小，使用横排文字工具和直排文字工具输入文字。最终效果参看云盘中的"Ch05 > 制作节气文字效果 > 制作节气文字效果.aep"，如图 5-17 所示。

图 5-17

5.2 制作描边文字

5.2.1 【训练目标】

使用横排文字工具输入文字，使用"基本文字"命令添加文字效果，使用"路径文字"命令制作

路径文字效果。最终效果参看云盘中的"Ch05 ＞ 制作描边文字 ＞ 制作描边文字.aep"，如图 5-18
所示。

图 5-18

5.2.2 【案例操作】

步骤❶ 按 Ctrl+N 组合键，弹出"合成设置"对话框，在"合成名称"文本框中输入"最终效果"，
其他选项的设置如图 5-19 所示，单击"确定"按钮，创建一个新的合成"最终效果"。

步骤❷ 选择"文件 ＞ 导入 ＞ 文件"命令，在弹出的"导入文件"对话框中选择云盘中的"Ch05 ＞
制作描边文字 ＞ (Footage) ＞ 01. mpeg"文件，单击"导入"按钮，将视频导入"项目"面板中，
如图 5-20 所示，并将其拖曳到时间轴面板中。

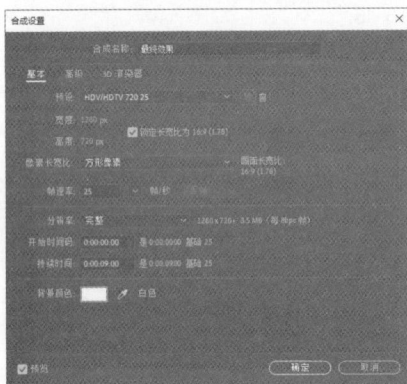

图 5-19

图 5-20

步骤❸ 选中"01. mpeg"图层，按 S 键，展开"缩放"属性，设置"缩放"数值为 105.0, 105.0%，
如图 5-21 所示。"合成"面板中的效果如图 5-22 所示。

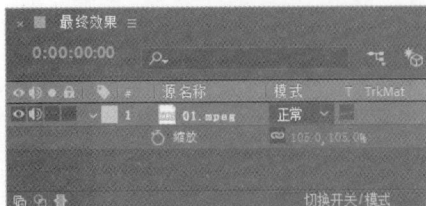

图 5-21

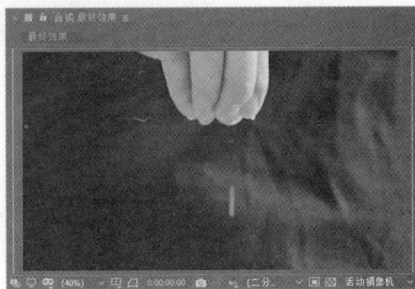

图 5-22

步骤④ 保持"01.mpeg"图层处于选取状态，选择"效果 > 过时 > 基本文字"命令，在弹出的"基本文字"对话框中进行设置，如图 5-23 所示，单击"确定"按钮，完成基本文字的添加。"合成"面板中的效果如图 5-24 所示。

图 5-23

图 5-24

步骤⑤ 在"效果控件"面板中进行设置，如图 5-25 所示。"合成"面板中的效果如图 5-26 所示。

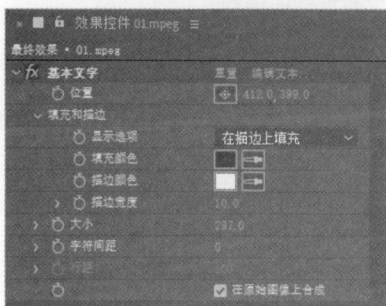

图 5-25

图 5-26

步骤⑥ 选择"效果 > 过时 > 基本文字"命令，在弹出的"基本文字"对话框中进行设置，如图 5-27 所示，单击"确定"按钮，完成基本文字的添加。在"效果控件"面板中进行设置，如图 5-28 所示。"合成"面板中的效果如图 5-29 所示。

图 5-27

图 5-28

步骤⑦ 选择"效果 > 过时 > 基本文字"命令，在弹出的"基本文字"对话框中进行设置，如图 5-30 所示，单击"确定"按钮，完成基本文字的添加。在"效果控件"面板中进行设置，如图 5-31 所示。"合成"面板中的效果如图 5-32 所示。

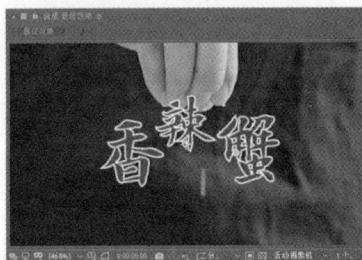

图 5-29　　　　　　　　　　　　　　　　图 5-30

图 5-31　　　　　　　　　　　　　　　　图 5-32

步骤⑧ 选择横排文字工具 **T**，在"合成"面板中输入文字"福薛记"。选中文字，在"字符"面板中设置填充颜色为红色（R、G、B 值分别为 222、33、0），其他参数设置如图 5-33 所示。"合成"面板中的效果如图 5-34 所示。

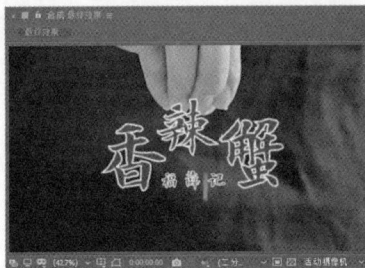

图 5-33　　　　　　　　　　　　　　　　图 5-34

步骤⑨ 取消所有对象的选择，选择椭圆工具 ◯，在工具栏中设置"填充"为红色（R、G、B 值分别为 222、33、0），"描边"为白色，"描边宽度"为 4，如图 5-35 所示。按住 Shift 键的同时，在"合成"面板中绘制一个圆形。按 Ctrl+D 组合键，复制图层。并将两个圆形拖曳到适当的位置，效果如图 5-36 所示。

图 5-35　　　　　　　　　　　　　　　　图 5-36

步骤⑩ 选择"图层 > 新建 > 形状图层"命令，时间轴面板中新增一个"形状图层 2"图层，如图 5-37 所示。保持"形状图层 2"图层处于选取状态，选择"效果 > 过时 > 路径文字"命令，在弹出的"路径文字"对话框中进行设置，如图 5-38 所示，单击"确定"按钮，完成路径文字的添加。

图 5-37

图 5-38

步骤⑪ 在"效果控件"面板中进行设置，如图 5-39 所示。在"合成"面板中分别调整 4 个控制点到适当的位置，如图 5-40 所示。

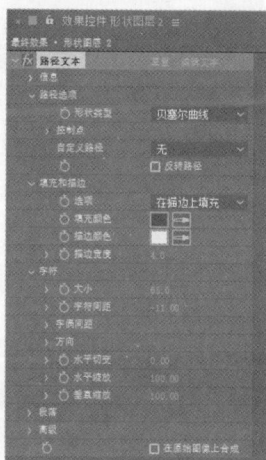

图 5-39

图 5-40

步骤⑫ 描边文字效果制作完成，效果如图 5-41 所示。

图 5-41

5.2.3 【相关知识】

1. 基本文字效果

基本文字效果用于创建文本或文本动画，可以指定文本的字体、样式、方向以及对齐方式，如图 5-42 所示。

在"效果控件"面板中勾选"在原始图像上合成"复选框，可以将文字与图像融合在一起，也可以取消选中该复选框，只使用文字。面板中还提供了位置、填充和描边、大小、字符间距和行距等信息，如图 5-43 所示。

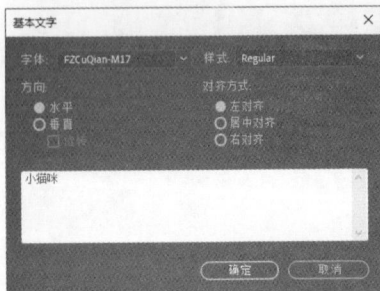 

图 5-42 图 5-43

2. 路径文字效果

路径文字效果用于制作字符沿某一条路径运动的动画效果。选择"效果 > 路径文字"命令，打开"路径文字"对话框，该对话框提供了字体和样式设置，如图 5-44 所示。

"效果控件"面板还提供了信息、路径选项、填充和描边、字符、段落、高级等设置，如图 5-45 所示。

图 5-44 图 5-45

3. 编号

"编号"效果用于生成不同格式的随机数或序数，如小数、日期和时间码，甚至是当前日期和时间（在渲染时）。选择"效果 > 文本 > 编号"命令，打开"编号"对话框，在"编号"对话框中可以设置字体、样式、方向和对齐方式等，如图 5-46 所示。

"效果控件"面板还提供了格式、填充和描边、大小和字符间距等设置，如图 5-47 所示。

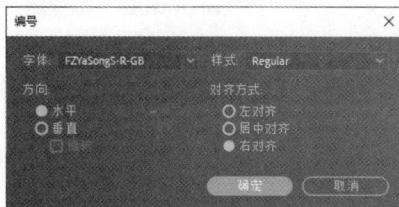

图 5-46 　　　　　　　　　　　　　　　　　　　　图 5-47

4．时间码

"时间码"效果主要用于在素材图层中显示时间信息或者关键帧上的编码信息，还可以将时间码的信息译成密码并保存在图层中。在"效果控件"面板中可以设置显示格式、时间源、丢帧、开始帧、文本位置、文字大小和文本颜色等，如图 5-48 所示。

图 5-48

5.2.4 【实战演练】——制作文字跟随画面效果

使用"导入"命令导入素材，使用"路径文字"命令输入文字，使用"基本文字"命令输入文字。最终效果参看云盘中的"Ch05 > 制作文字跟随画面效果 > 制作文字跟随画面效果.aep"，如图 5-49所示。

制作文字跟随
画 面 效 果

图 5-49

5.3 综合案例——制作字母飞散效果

使用横排文字工具输入并编辑文字，使用"导入"命令导入文件，使用"Particular"命令制作飞舞数字效果。最终效果参看云盘中的"Ch05 > 制作字母飞散效果 > 制作字母飞散效果.aep"，如图 5-50 所示。

制作字母飞散效果

图 5-50

5.4 综合案例——制作模糊文字效果

使用"导入"命令导入素材，使用横排文字工具输入文字，使用椭圆工具绘制装饰图形，使用"高斯模糊"命令制作模糊效果。最终效果参看云盘中的"Ch05 > 制作模糊文字效果 > 制作模糊文字效果.aep"，如图 5-51 所示。

制作模糊文字效果

图 5-51

06

第6章
应用效果

本章主要介绍 After Effects 中各种效果的应用方式和参数设置，对有实用价值、存在一定难度的效果进行重点讲解。通过对本章的学习，读者可以快速了解并掌握 After Effects 效果制作的方法。

课堂学习目标 ▪▪▪▪

- ✔ 了解效果并掌握模糊、锐化效果的使用方法
- ✔ 掌握颜色平衡、分形杂色和移除颗粒等效果的使用方法
- ✔ 掌握颜色校正和风格化等效果的使用方法

素养目标 ▪▪▪▪

- ✔ 提升色彩的运用能力

6.1　制作闪白切换效果

6.1.1　【训练目标】

　　使用"导入"命令导入素材，使用"快速方框模糊"命令、"色阶"命令制作图像闪白效果，使用"投影"命令制作文字的投影效果，使用"效果和预设"命令制作文字动画特效。最终效果参看云盘中的"Ch06 > 制作闪白切换效果 > 制作闪白切换效果.aep"，如图 6-1 所示。

图 6-1

6.1.2　【案例操作】

1. 导入素材

步骤❶ 按 Ctrl+N 组合键，弹出"合成设置"对话框，在"合成名称"文本框中输入"最终效果"，其他选项的设置如图 6-2 所示，单击"确定"按钮，创建一个新的合成"最终效果"。

步骤❷ 选择"文件 > 导入 > 文件"命令，在弹出的"导入文件"对话框中选择云盘中的"Ch06 > 制作闪白切换效果 >（Footage）> 01.jpg ~ 07.jpg"共 7 个文件，单击"导入"按钮，将图片导入"项目"面板中，如图 6-3 所示。

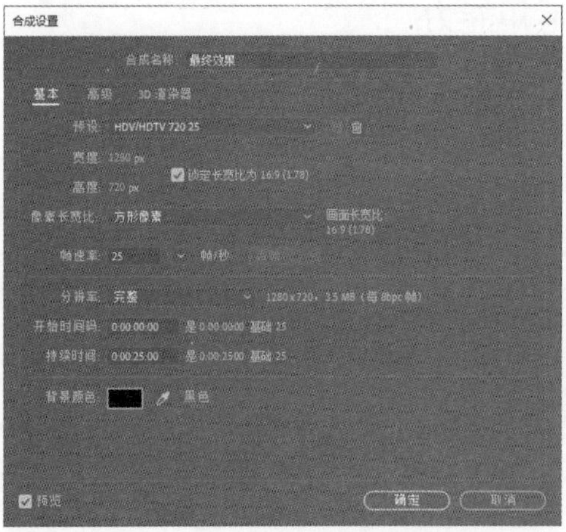

图 6-2

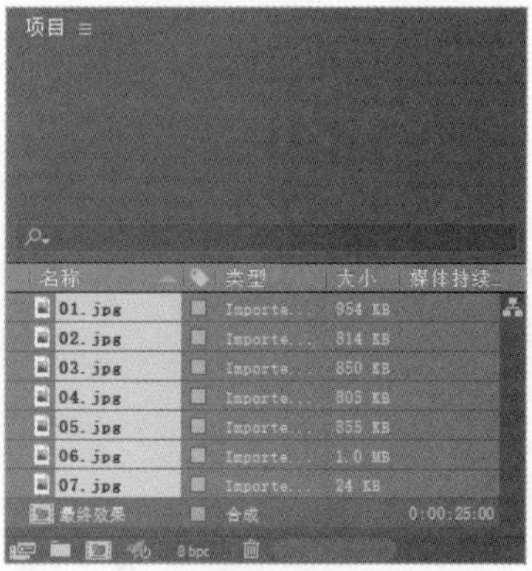

图 6-3

步骤❸ 在"项目"面板中选中"01.jpg ~ 05.jpg"文件，并将它们拖曳到时间轴面板中，图层的排列如图 6-4 所示。将时间标签放置在 0:00:03:00 的位置，如图 6-5 所示。

图 6-4 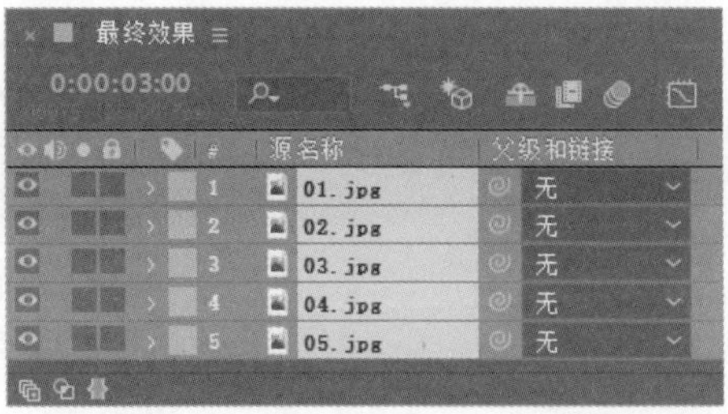   图 6-5

步骤④ 选中"01.jpg"图层，按 Alt+] 组合键设置动画的出点，时间轴面板如图 6-6 所示。用相同的方法分别设置"03.jpg""04.jpg""05.jpg"图层的出点，时间轴面板如图 6-7 所示。

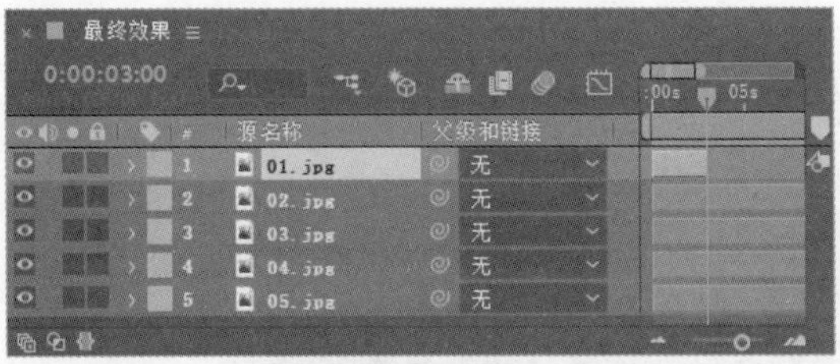

图 6-6 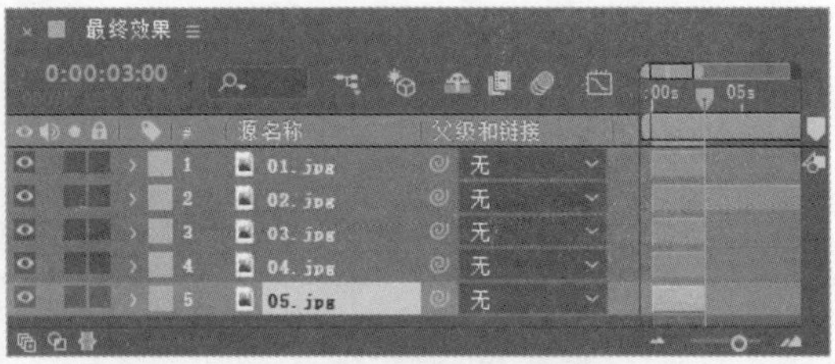   图 6-7

步骤⑤ 将时间标签放置在 0:00:04:00 的位置，如图 6-8 所示。选中"02.jpg"图层，按 Alt+] 组合键设置动画的出点，时间轴面板如图 6-9 所示。

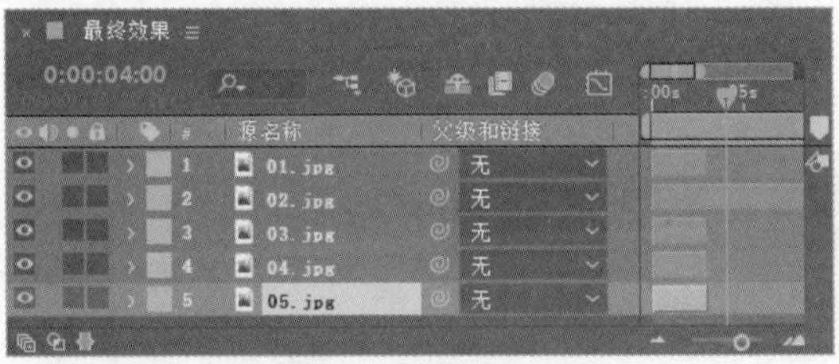

图 6-8    图 6-9

步骤⑥ 在时间轴面板中选中"01.jpg"图层，在按住 Shift 键的同时，选中"05.jpg"图层，这两个图层及它们之间的图层将被选中。选择"动画 > 关键帧辅助 > 序列图层"命令，弹出"序列图层"对话框，取消勾选"重叠"复选框，如图 6-10 所示，单击"确定"按钮，每个图层依次排序，首尾相接，如图 6-11 所示。

图 6-10

图 6-11

步骤⑦ 选择"图层 > 新建 > 调整图层"命令，时间轴面板中新增一个调整图层，如图 6-12 所示。

图 6-12

2. 制作图像闪白效果

步骤① 选中"调整图层 1"图层，选择"效果 > 模糊和锐化 > 快速方框模糊"命令，在"效果控件"面板中设置相关参数，如图 6-13 所示。"合成"面板中的效果如图 6-14 所示。

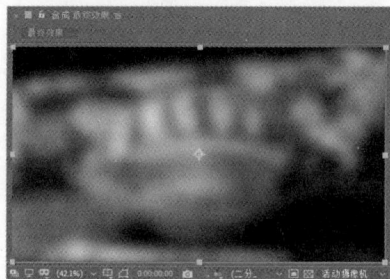

图 6-13　　　　　　　　　　　　　　图 6-14

步骤② 选择"效果 > 颜色校正 > 色阶"命令，在"效果控件"面板中设置相关参数，如图 6-15 所示。"合成"面板中的效果如图 6-16 所示。

图 6-15　　　　　　　　　　　　　　图 6-16

步骤③ 将时间标签放置在 0:00:00:00 的位置，在"效果控件"面板中分别单击"快速方框模糊"效果中的"模糊半径"选项和"色阶"效果中的"直方图"选项左侧的"关键帧自动记录器"按钮，记录第 1 个关键帧，如图 6-17 所示。

步骤④ 将时间标签放置在 0:00:00:06 的位置，在"效果控件"面板中设置"模糊半径"数值为 0.0，"输入白色"数值为 255.0，如图 6-18 所示，记录第 2 个关键帧。"合成"面板中的效果如图 6-19 所示。

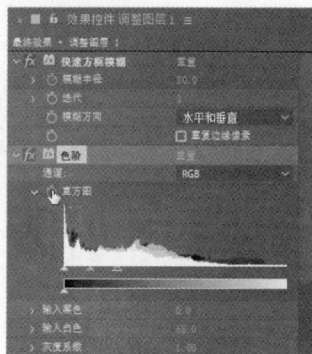

图 6-17

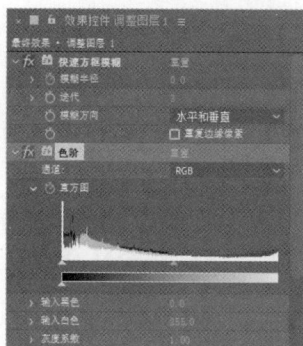
图6-18

图6-19

步骤⑤ 将时间标签放置在 0:00:02:04 的位置，按 U 键展开所有关键帧，如图 6-20 所示。单击时间轴面板中"模糊半径"选项和"直方图"选项左侧的"在当前时间添加或移除关键帧"按钮 ◆，如图 6-21 所示，记录第 3 个关键帧。

图6-20

图6-21

步骤⑥ 将时间标签放置在 0:00:02:14 的位置，在"效果控件"面板中设置"模糊半径"数值为 7.0，"输入白色"数值为 94.0，如图 6-22 所示，记录第 4 个关键帧。"合成"面板中的效果如图 6-23 所示。

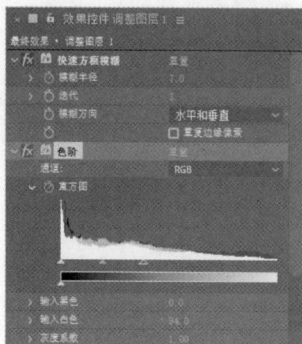
图6-22

图6-23

步骤⑦ 将时间标签放置在 0:00:03:08 的位置，在"效果控件"面板中设置"模糊半径"数值为 20.0，"输入白色"数值为 58.0，如图 6-24 所示，记录第 5 个关键帧。"合成"面板中的效果如图 6-25 所示。

步骤⑧ 将时间标签放置在 0:00:03:18 的位置，在"效果控件"面板中设置"模糊半径"数值为 0.0，"输入白色"数值为 255.0，如图 6-26 所示，记录第 6 个关键帧。"合成"面板中的效果如图 6-27 所示。

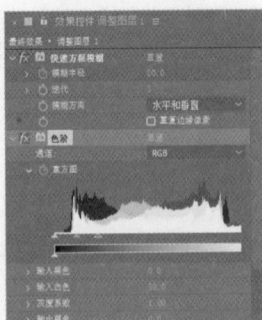

图 6-24

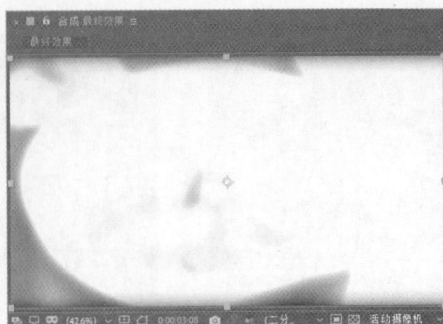

图 6-25

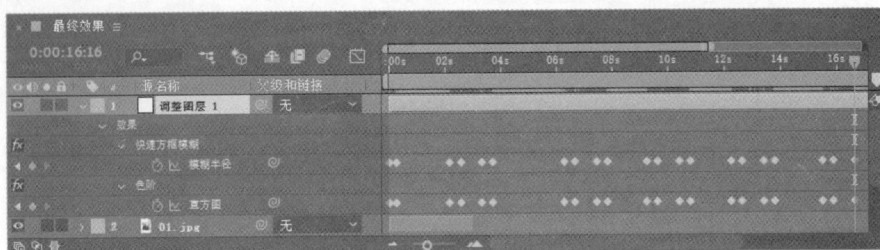

图 6-26　　　　　　　　　　　　　　　图 6-27

步骤⑨ 至此第一段素材与第二段素材之间的闪白动画制作完成。用同样的方法制作其他素材之间的闪白动画，如图 6-28 所示。

图 6-28

3. 编辑文字

步骤① 在"项目"面板中选中"06.jpg"文件并将其拖曳到时间轴面板中，图层的排列如图 6-29 所示。将时间标签放置在 0:00:15:23 的位置，按 Alt+〔组合键设置动画的入点，时间轴面板如图 6-30 所示。

图 6-29

图 6-30

步骤② 选中"调整图层 1"图层，将时间标签放置在 0 : 00 : 20 : 00 的位置。选择横排文字工具![T]，在"合成"面板中输入文字"爱上中餐厅"。选中文字，在"字符"面板中设置填充颜色为青绿色（R、G、B 值分别为 76、244、255），在"段落"面板中设置对齐方式为居中对齐，其他参数的设置如图 6-31 所示。

步骤③ 选中文字图层，按 P 键，展开"位置"属性，设置"位置"数值为 650.0, 353.0。"合成"面板中的效果如图 6-32 所示。

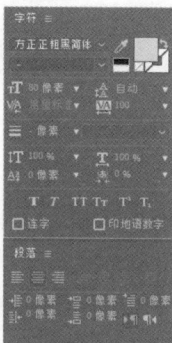

图 6-31

图 6-32

步骤④ 选中文字图层，将其拖曳到调整图层的下面，选择"效果 > 透视 > 投影"命令，在"效果控件"面板中设置相关参数，如图 6-33 所示。"合成"面板中的效果如图 6-34 所示。

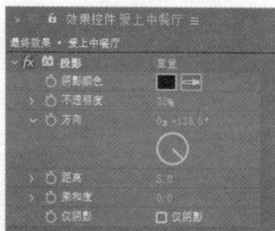

图 6-33

图 6-34

步骤⑤ 将时间标签放置在 0 : 00 : 16 : 20 的位置，选择"窗口 > 效果和预设"命令，打开"效果和预设"面板，展开"动画预设"文件夹，双击"Text > Animate In > 解码淡入"选项，为文字图层添加动画效果。"合成"面板中的效果如图 6-35 所示。

步骤⑥ 将时间标签放置在 0 : 00 : 18 : 08 的位置，选中文字图层，按 U 键展开所有关键帧，在按住 Shift 键的同时，拖曳第 2 个关键帧到时间标签所在的位置，如图 6-36 所示。

图 6-35

图 6-36

步骤❼　在"项目"面板中选中"07.jpg"文件并将其拖曳到时间轴面板中，设置图层的混合模式为"屏幕"，图层的排列如图 6-37 所示。将时间标签放置在 0:00:18:13 的位置，选中"07.jpg"图层，按 Alt+ [组合键设置动画的入点，时间轴面板如图 6-38 所示。

图 6-37　　　　　　　　　　　　　　　　　　　　图 6-38

步骤❽　选中"07.jpg"图层，按 P 键，展开"位置"属性，设置"位置"数值为 1122.0,380.0，单击"位置"选项左侧的"关键帧自动记录器"按钮，如图 6-39 所示，记录第 1 个关键帧。将时间标签放置在 0:00:20:00 的位置，设置"位置"数值为–208.0,380.0，记录第 2 个关键帧，如图 6-40 所示。

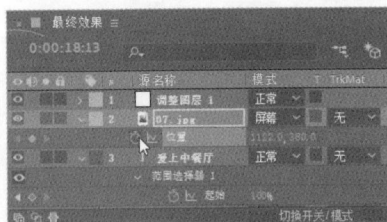 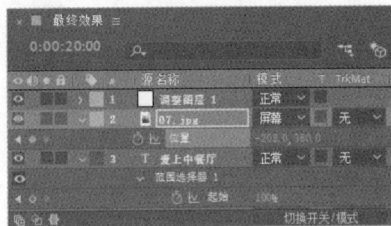

图 6-39　　　　　　　　　　　　　　　　　　　　图 6-40

步骤❾　选中"07.jpg"图层，按 Ctrl+D 组合键复制图层，按 U 键展开所有关键帧，将时间标签放置在 0:00:18:13 的位置，设置"位置"数值为 159.0,380.0，如图 6-41 所示。将时间标签放置在 0:00:20:00 的位置，设置"位置"数值为 1606.0,380.0，如图 6-42 所示。

 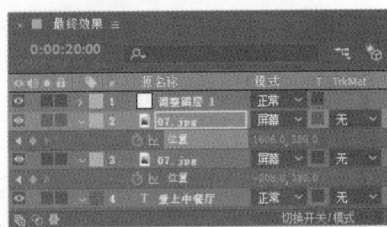

图 6-41　　　　　　　　　　　　　　　　　　　　图 6-42

步骤❿　闪白切换效果制作完成，如图 6-43 所示。

图 6-43

6.1.3 【相关知识】

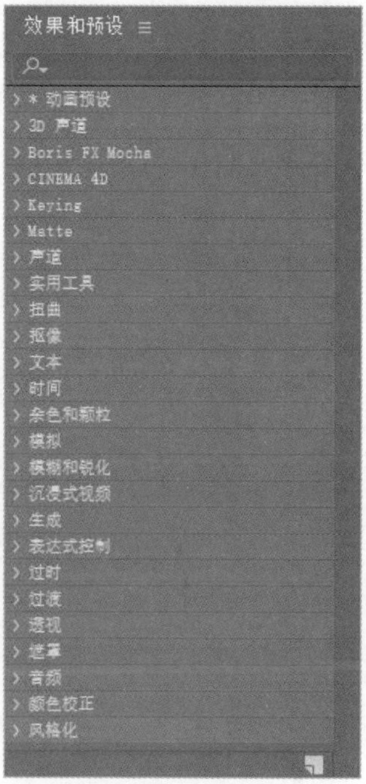

1. 效果

After Effects 自带了许多效果，包括音频、模糊和锐化、颜色校正、扭曲、过渡、模拟、风格化和文本等。使用效果不仅能够对影片进行丰富的艺术加工，还可以提高影片的画面质量。

2. 为图层添加效果

为图层添加效果的方法其实很简单，也有很多种，可以根据具体情况灵活应用。

（1）在时间轴面板中选中想要添加效果的图层，选择"效果"菜单中的各项效果命令即可。

（2）在时间轴面板中，在想要添加效果的图层上单击鼠标右键，在弹出的快捷菜单中选择"效果"子菜单中的各项命令即可。

（3）选择"窗口 > 效果和预设"命令，或按 Ctrl+5 组合键，打开"效果和预设"面板，如图 6-44 所示，从分类中选中需要的效果，然后将其拖曳到时间轴面板中的某图层上即可。

（4）在时间轴面板中选中想要添加效果的图层，然后选择"窗口>效果和预设"命令，打开"效果和预设"面板，双击想要添加的效果即可。

图 6-44

添加一个效果常常是不能完全满足创作需要的。只有为图层添加多个效果，才可以制作出复杂而精美的效果。但是，在同一图层中应用多个效果时，一定要注意上下顺序，因为顺序不同，可能会得到完全不同的画面效果，如图 6-45 和图 6-46 所示。

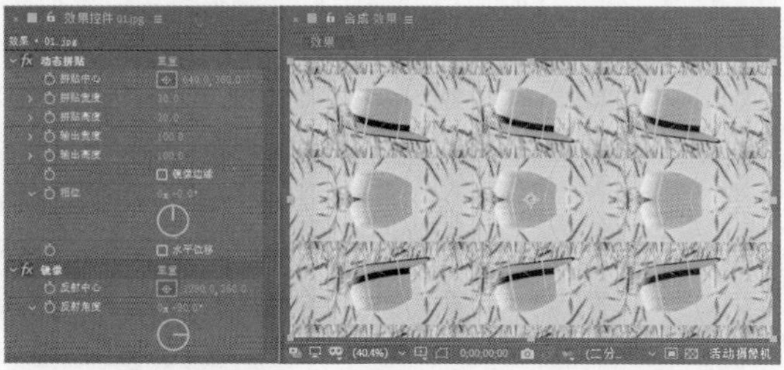

图 6-45

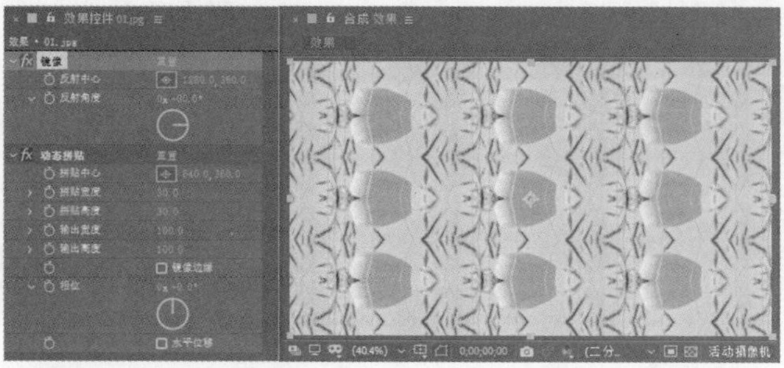

图 6-46

改变效果顺序的方法也很简单，只要在"效果控件"面板或者时间轴面板中，上下拖曳效果到目标位置即可，如图 6-47 和图 6-48 所示。

图 6-47

图 6-48

3．调整、复制和删除效果

（1）调整效果

在为图层添加效果时，一般会自动将"效果控件"面板打开，如果并未打开该面板，可以选择"窗口 > 效果控件"命令将其打开。

添加效果后，可以通过以下 5 种方式调整效果属性。

位置点定义：一般用来设置特效的中心位置。调整的方法有两种：一种是直接调整后面的参数值；另一种是单击 按钮，在"合成"面板中的合适位置单击，效果如图 6-49 所示。

调整数值：将鼠标指针放置在某个选项右侧的数值上，鼠标指针变为 形状时，上下拖曳鼠标指针可以调整数值，如图 6-50 所示，也可以直接在数值上单击将其激活，然后输入需要的数值。

调整滑块：左右拖动滑块以调整数值。不过需要注意，滑块并不能显示参数的极限值。例如，使用复合模糊滤镜时，虽然看到的调整滑块的调整范围是 0～100，但如果用直接输入数值的方法调整，最大可输入的值为 4000，因此看到的滑块可调整范围一般是常用的数值段，如图 6-51 所示。

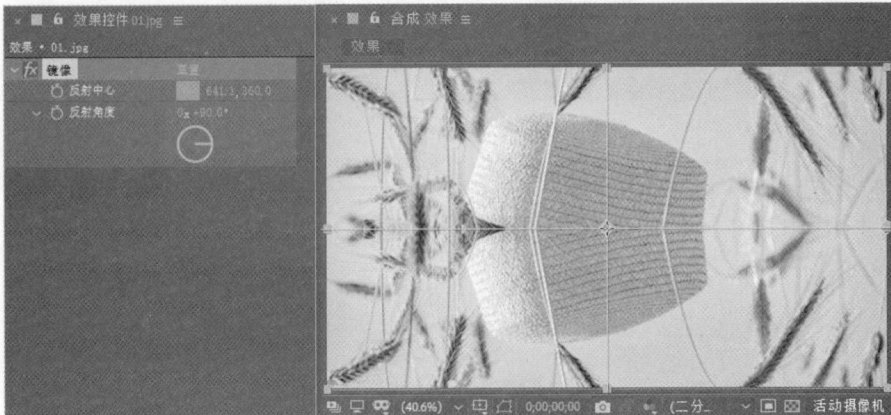

图 6-49

图 6-50

颜色选取框：主要用于选取或者改变颜色，单击颜色选取框会弹出图 6-52 所示的对话框。

角度旋转器：一般与角度和圈数设置有关，如图 6-53 所示。

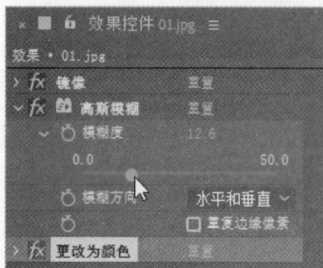

图 6-51

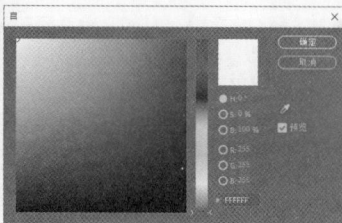

图 6-52

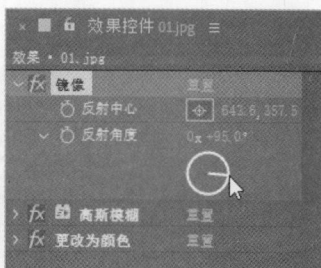

图 6-53

（2）复制效果

如果只是在本图层中复制效果，在"效果控件"面板或者时间轴面板中选中效果，按 Ctrl+D 组合键即可。

如果需要将效果复制到其他图层使用，可以执行如下操作步骤。

步骤❶ 在"效果控件"面板或者时间轴面板中选中原图层的一个或多个效果。

步骤❷ 选择"编辑 > 复制"命令，或者按 Ctrl+C 组合键，完成效果的复制操作。

步骤❸ 在时间轴面板中选中目标图层，然后选择"编辑 > 粘贴"命令，或按 Ctrl+V 组合键，完成效果的粘贴操作。

（3）删除效果

在"效果控件"面板或者时间轴面板中选择某个效果，按 Delete 键即可删除效果。

> **提示**
>
> 在时间轴面板中快速展开效果的方法：选中含有效果的图层，按 E 键。

（4）暂时关闭效果

单击"效果控件"面板或者时间轴面板中的 *fx* 按钮，可以暂时关闭某一个或某几个效果，使其不起作用，如图 6-54 和图 6-55 所示。

图 6-54

图 6-55

4. 制作关键帧动画

（1）在时间轴面板中制作关键帧动画

步骤① 在时间轴面板中选择某图层，选择"效果 > 模糊和锐化 > 高斯模糊"命令，添加"高斯模糊"效果。

步骤② 按 E 键打开效果属性，单击"高斯模糊"效果名称左侧的小箭头按钮，展开各项具体参数。

步骤③ 单击"模糊度"左侧的"关键帧自动记录器"按钮，生成第 1 个关键帧，如图 6-56 所示。

步骤④ 将时间标签移动到另一个时间位置，调整"模糊度"的数值，After Effects 将自动生成第 2 个关键帧，如图 6-57 所示。

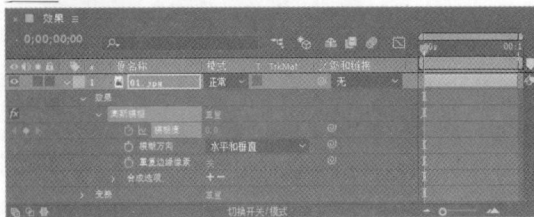

图 6-56

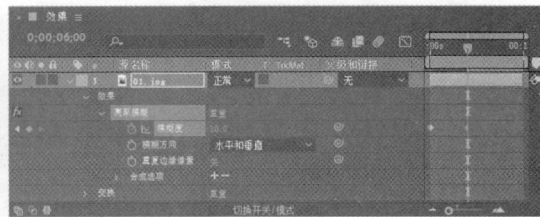

图 6-57

步骤⑤ 按 0 键，预览动画。

（2）在"效果控件"面板中制作关键帧动画

步骤① 在时间轴面板中选择某图层，选择"效果 > 模糊和锐化 > 高斯模糊"命令，添加"高斯模糊"效果。

步骤② 在"效果控件"面板中单击"模糊度"左侧的"关键帧自动记录器"按钮，如图 6-58 所示，或在按住 Alt 键的同时单击"模糊度"，生成第 1 个关键帧。

步骤③ 将时间标签移动到另一个时间位置，在"效果控件"面板中调整"模糊度"的数值，自动生成第 2 个关键帧。

5. 使用效果预设

在使用效果预设前，必须确定时间标签所处的时间位置，因为如果效果预设含有动画信息，将会以当前时间标签位置为动画的起点，如图 6-59 和图 6-60 所示。

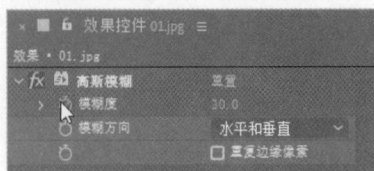

图 6-58

图 6-59

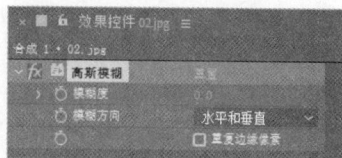

图 6-60

6. 高斯模糊

"高斯模糊"效果用于模糊和柔化图像，可以去除杂点。使用"高斯模糊"效果能使图像产生更细腻的模糊效果，尤其是单独使用的时候。"高斯模糊"效果的参数如图 6-61 所示。

模糊度：调整图像的模糊程度。

模糊方向：设置模糊的方向，有"水平和垂直""水平""垂直" 3 种模糊方向。

"高斯模糊"效果的应用如图 6-62～图 6-64 所示。

图 6-61

图 6-62

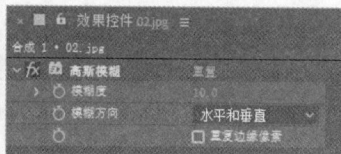

图 6-63

图 6-64

7. 定向模糊

定向模糊也称为方向模糊，是一种十分具有动感的模糊效果，可以产生任何方向的模糊效果。当图层质量为草稿质量时，应用图像边缘的平均值；当图层质量为最高质量时，应用高斯模式的模糊，可以产生平滑、渐变的模糊效果。"定向模糊"效果的参数如图 6-65 所示。

方向：调整模糊的方向。

模糊长度：调整图像的模糊程度，数值越大，模糊的程度也就越大。

"定向模糊"效果的应用如图 6-66～图 6-68 所示。

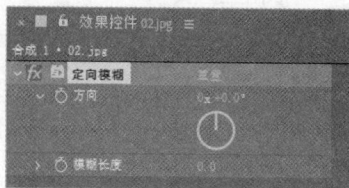

图 6-65

图 6-66

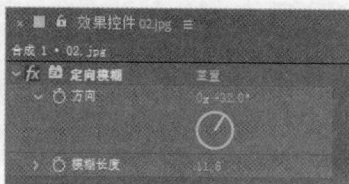

图 6-67

图 6-68

8．径向模糊

"径向模糊"效果可以在图层中围绕特定点使图像产生移动或旋转模糊的效果，"径向模糊"效果的参数如图 6-69 所示。

数量：控制图像的模糊程度。模糊程度取决于模糊量，在旋转状态下，模糊量表示旋转模糊程度，而在缩放状态下，模糊量表示缩放模糊程度。

中心：调整模糊中心点的位置。可以单击 ⊕ 按钮，在"合成"面板中指定中心点位置。

类型：设置模糊类型，包括旋转和缩放两种模糊类型。

消除锯齿（最佳品质）：该功能只在图像的最高品质下起作用。

"径向模糊"效果的应用如图 6-70～图 6-72 所示。

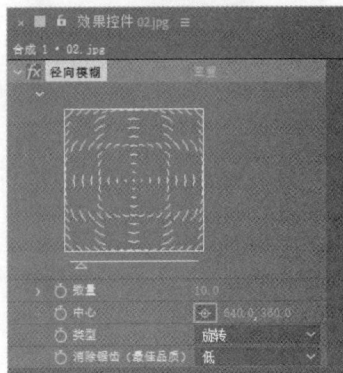

图 6-69

图 6-70

图 6-71

图 6-72

9．快速方框模糊

"快速方框模糊"效果用于设置图像的模糊程度，和"高斯模糊"效果十分类似，但它在大面积应用的时候实现速度更快，效果更明显。其参数如图 6-73 所示。

模糊半径：用于设置模糊程度。

迭代：设置模糊效果连续应用到图像的次数。

模糊方向：设置模糊方向，有"水平和垂直""水平""垂直"3 种。

重复边缘像素：勾选此复选框，可让图像边缘保持清晰。

"快速方框模糊"效果的应用如图 6-74～图 6-76 所示

图 6-73

图 6-74

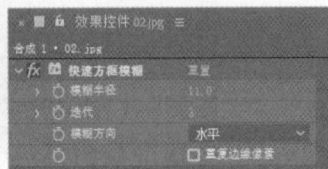

图 6-75

图 6-76

10. 锐化

"锐化"效果用于锐化图像，在图像颜色发生变化的地方提高图像的对比度，其参数如图 6-77 所示。

锐化量：用于设置锐化的程度。

"锐化"效果的应用如图 6-78～图 6-80 所示。

图 6-77

图 6-78

图 6-79

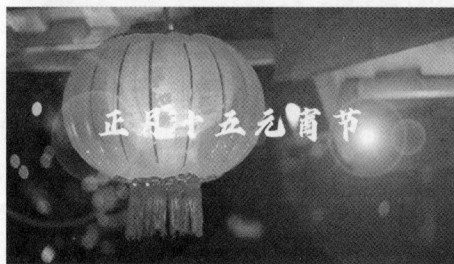

图 6-80

6.1.4 【实战演练】——制作动感模糊文字

使用"卡片擦除"命令制作动感文字，使用"定向模糊"命令、"色阶"命令、"Shine"命令制作文字发光效果并改变发光颜色，使用"镜头光晕"命令添加镜头光晕效果。最终效果参看云盘中的"Ch06 > 制作动感模糊文字 > 制作动感模糊文字.aep"，如图 6-81 所示。

图 6-81

6.2 制作水墨画效果

6.2.1 【训练目标】

使用"查找边缘"命令、"色相位/饱和度"命令、"曲线"命令、"高斯模糊"命令制作水墨画效果。最终效果参看云盘中的"Ch06 > 制作水墨画效果 > 制作水墨画效果.aep"，如图 6-82 所示。

图 6-82

6.2.2 【案例操作】

1. 导入并编辑素材

步骤① 按 Ctrl+N 组合键，弹出"合成设置"对话框，在"合成名称"文本框中输入"最终效果"，其他选项的设置如图 6-83 所示，单击"确定"按钮，创建一个新的合成"最终效果"。

步骤② 选择"文件 > 导入 > 文件"命令，在弹出的"导入文件"对话框中选择云盘中的"Ch06 > 制作水墨画效果 >（Footage）> 01.jpg、02.png"文件，单击"导入"按钮，将图片导入"项目"面板中，如图 6-84 所示。

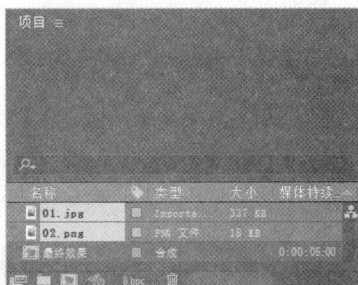

图 6-83　　　　　　　　　　　　　图 6-84

步骤③ 在"项目"面板中选中"01.jpg"文件并将其拖曳到时间轴面板中，如图 6-85 所示。按 Ctrl+D 组合键复制图层，单击复制的图层左侧的 ⊙ 按钮，隐藏该图层，如图 6-86 所示。

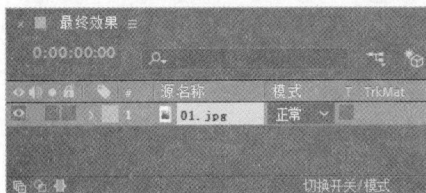

图 6-85　　　　　　　　　　　　　图 6-86

步骤④ 选中图层 2，选择"效果 > 风格化 > 查找边缘"命令，在"效果控件"面板中设置相关参数，如图 6-87 所示。"合成"面板中的效果如图 6-88 所示。

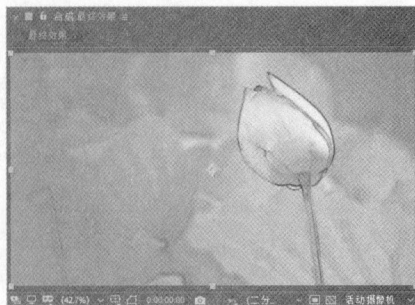

图 6-87　　　　　　　　　　　　　图 6-88

步骤⑤ 选择"效果 > 颜色校正 > 色相/饱和度"命令，在"效果控件"面板中设置相关参数，如图 6-89 所示。"合成"面板中的效果如图 6-90 所示。

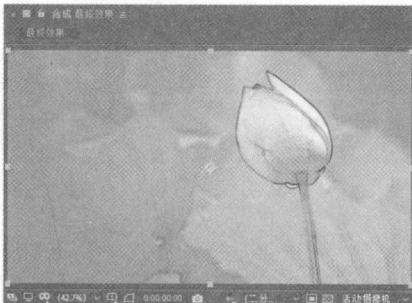

图 6-89 图 6-90

步骤⑥ 选择"效果 > 颜色校正 > 曲线"命令，在"效果控件"面板中调整曲线，如图 6-91 所示。"合成"面板中的效果如图 6-92 所示。

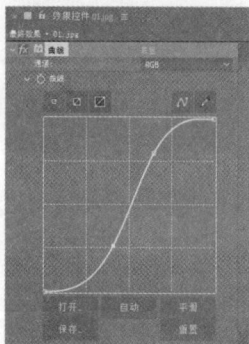

图 6-91 图 6-92

步骤⑦ 选择"效果 > 模糊和锐化 > 高斯模糊"命令，在"效果控件"面板中设置相关参数，如图 6-93 所示。"合成"面板中的效果如图 6-94 所示。

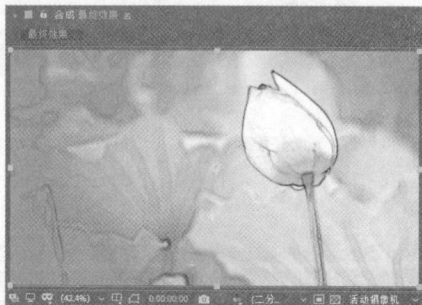

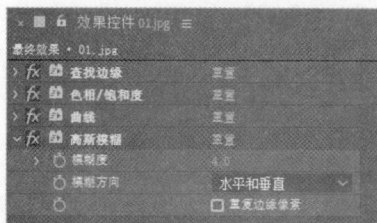

图 6-93 图 6-94

2. 制作水墨画效果

步骤① 在时间轴面板中单击图层 1 左侧的 按钮，显示该图层。按 T 键，展开"不透明度"属性，设置"不透明度"为 70%，图层的混合模式为"相乘"，如图 6-95 所示。"合成"面板中的效果如图 6-96 所示。

图 6-95　　　　　　　　　　　　　图 6-96

步骤② 选择"效果 > 风格化 > 查找边缘"命令，在"效果控件"面板中设置相关参数，如图 6-97 所示。"合成"面板中的效果如图 6-98 所示。

图 6-97　　　　　　　　　　　　　图 6-98

步骤③ 选择"效果 > 颜色校正 > 色相/饱和度"命令，在"效果控件"面板中设置相关参数，如图 6-99 所示。"合成"面板中的效果如图 6-100 所示。

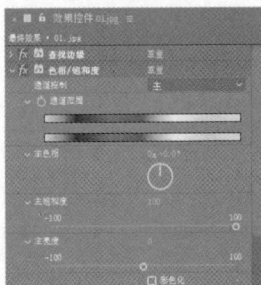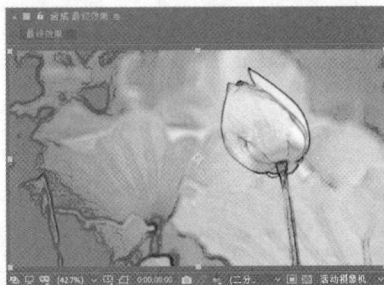

图 6-99　　　　　　　　　　　　　图 6-100

步骤④ 选择"效果 > 颜色校正 > 曲线"命令，在"效果控件"面板中调整曲线，如图 6-101 所示。"合成"面板中的效果如图 6-102 所示。

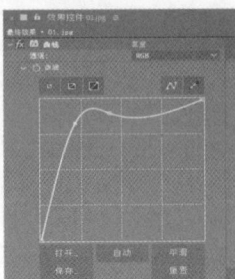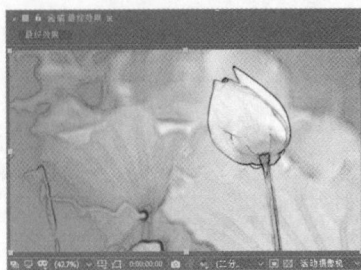

图 6-101　　　　　　　　　　　　　图 6-102

步骤⑤ 选择"效果 > 模糊和锐化 > 快速方框模糊"命令，在"效果控件"面板中设置相关参数，如图 6-103 所示。"合成"面板中的效果如图 6-104 所示。

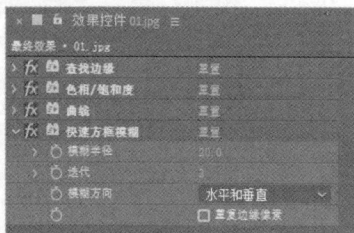

图 6-103

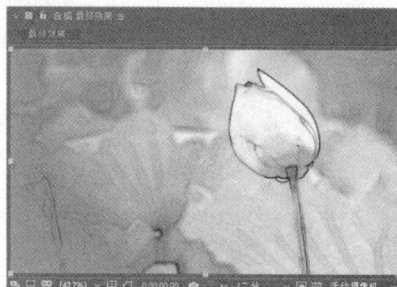

图 6-104

步骤⑥ 在"项目"面板中选中"02.png"文件并将其拖曳到时间轴面板中。按 P 键，展开"位置"属性，设置"位置"为 391.0,280.0，如图 6-105 所示。水墨画效果制作完成，如图 6-106 所示。

图 6-105

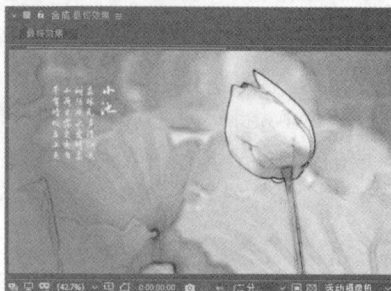

图 6-106

6.2.3 【相关知识】

1. 亮度和对比度

"亮度和对比度"效果除了可调整画面的亮度和对比度，还可以调整所有像素的亮部、暗部和中间色，操作简单有效，但不能调节单一通道。"亮度和对比度"效果的参数如图 6-107 所示。

亮度：用于调整亮度值。正值为增加亮度，负值为降低亮度。

对比度：用于调整对比度值。正值为增加对比度，负值为降低对比度。

图 6-107

"亮度和对比度"效果的应用如图 6-108～图 6-110 所示。

图 6-108

图 6-109

图 6-110

2. 曲线

After Effects 中的曲线控制功能与 Photoshop 中的类似，可对图像的各个通道进行控制，从而调节图像的色调范围。也可以用 0～255 的灰阶调节颜色，但是曲线的控制能力更强。"曲线"效果是 After Effects 非常重要的一个调色工具，其参数如图 6-111 所示。

在曲线图表中，可以调整图像的阴影区域、中间色调区域和高亮区域。

通道：用于选择需要调节的通道，可以同时调节图像的 RGB 通道，也可以分别调节红、绿、蓝和 Alpha 通道。

曲线：用来调整校正值，即输入（原始亮度）和输出的对比度。

曲线工具 :选择曲线工具并单击曲线，可以在曲线上增加控制点。如果要删除控制点，可在曲线上选中要删除的控制点，将其拖曳至坐标区域外。拖曳控制点可编辑曲线。

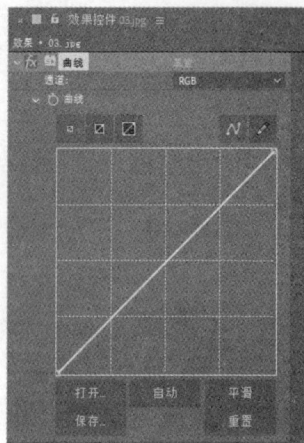

图 6-111

铅笔工具 :选择铅笔工具，在坐标区域中拖曳鼠标指针，可绘制曲线。

"平滑"按钮：单击此按钮，可以平滑曲线。

"自动"按钮：单击此按钮，可以自动调整图像的对比度。

"打开"按钮：单击此按钮，可以打开存储的曲线调节文件。

"保存"按钮：单击此按钮，可以将调节完成的曲线存储为.amp 或.acv 文件，以供再次使用。

3. 色相/饱和度

"色相/饱和度"效果用于调整图像的色调、饱和度和亮度。其应用效果和"颜色平衡"效果一样，但其颜色调整基于色轮。"色相/饱和度"效果的参数如图 6-112 所示。

通道控制：用于选择应用效果的颜色通道。选择"主"时，对所有颜色应用效果，如果选择红、黄、绿、青、蓝或品红通道，则对所选颜色应用效果。

通道范围：显示颜色映射的谱线，用于控制通道范围。上面的色条表示调节前的颜色，下面的色条表示如何在全饱和状态下影响所有色相。调节单个通道时，下面的色条会显示控制滑块。拖曳竖条 可调节颜色范围，拖曳三角 可调整羽化量。

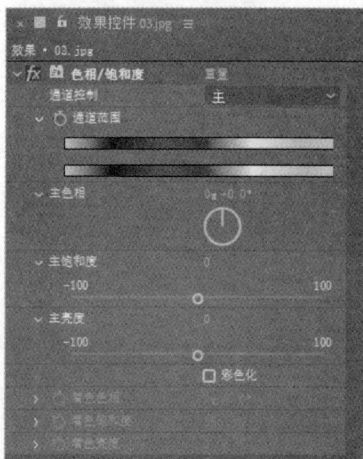

图 6-112

主色相：控制所调节的颜色通道的色调，可利用颜色控制轮盘（代表色轮）改变整体色调。

主饱和度：用于调整主饱和度。可通过拖动滑块控制所调节的颜色通道的饱和度。

主亮度：用于调整主亮度。可通过拖动滑块控制所调节的颜色通道的亮度。

彩色化：勾选该复选框，可以将灰阶图转换为带有色调的双色图。

着色色相：通过颜色控制轮盘控制彩色化图像后的色调。

着色饱和度：通过拖曳滑块控制彩色化图像后的饱和度。

着色亮度：通过拖动滑块控制彩色化图像后的亮度。

"色相/饱和度"效果是 After Effects 中非常重要的调色工具，在更改对象色相属性时很有用。在调节颜色的过程中，可以使用色轮来预测图像中相应颜色区域的改变效果，并了解这些更改如何在 RGB 颜色模式间转换。

"色相/饱和度"效果的应用如图 6-113～图 6-115 所示。

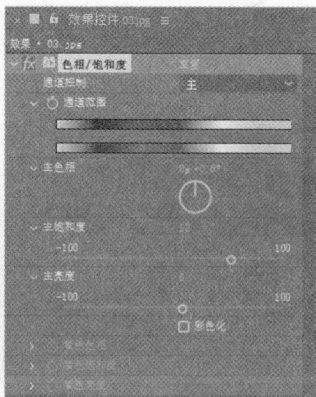

| 图 6-113 | 图 6-114 | 图 6-115 |

4. 颜色平衡

"颜色平衡"效果用于调整图像的色彩平衡，可分别调节图像的红、绿、蓝通道，还可以调节暗部、中间色调和高亮部分的强度。"颜色平衡"效果的参数如图 6-116 所示。

阴影红色/绿色/蓝色平衡：用于调整 RGB 彩色的阴影范围平衡。

中间调红色/绿色/蓝色平衡：用于调整 RGB 彩色的中间调范围平衡。

高光红色/绿色/蓝色平衡：用于调整 RGB 彩色的高光范围平衡。

保持发光度：勾选该复选框可以保持图像的平均亮度，从而保持图像的整体平衡。

图 6-116

"颜色平衡"效果的应用如图 6-117～图 6-119 所示。

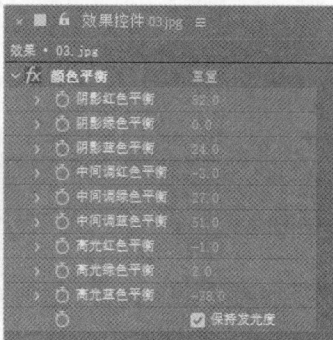

| 图 6-117 | 图 6-118 | 图 6-119 |

5．色阶

"色阶"效果是一个常用的调色工具，用于将输入的颜色范围重新映射到输出的颜色范围，还可以改变 Gamma 校正曲线。"色阶"效果的参数如图 6-120 所示。

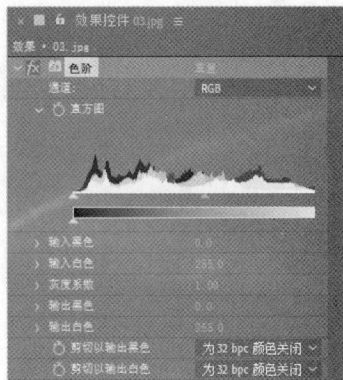

图 6-120

通道：用于选择需要调节的通道。可以选择 RGB 通道、Red 通道、Green 通道、Blue 通道和 Alpha 通道进行调节。

直方图：可以通过该图了解像素在图像中的分布情况。水平方向表示亮度值，垂直方向表示亮度值的像素数值。像素值不会比输入黑色值更低，也不会比输入白色值更高。

输入黑色：用于限定输入图像黑色值的阈值。

输入白色：用于限定输入图像白色值的阈值。

灰度系数：用于设置确定输出图像亮度值分布的功率曲线的指数。

输出黑色：用于限定输出图像黑色值的阈值，黑色输出在直方图下方的灰阶条中。

输出白色：用于限定输出图像白色值的阈值，白色输出在直方图下方的灰阶条中。

剪切以输出黑色和剪切以输出白色：用于确定亮度值小于"输入黑色"值或大于"输入白色"值的像素的结果。

"色阶"效果的应用如图 6-121～图 6-123 所示。

图 6-121

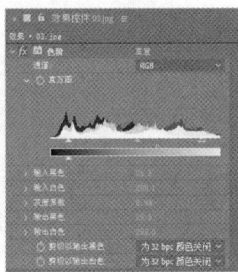

图 6-122

图 6-123

6．高级闪电

"高级闪电"效果可以用来模拟真实的闪电和放电效果，并自动设置动画，其参数如图 6-124 所示。

闪电类型：设置闪电的种类。

源点：设置闪电的起始位置。

方向：设置闪电的结束位置。

传导率状态：设置闪电的主干变化。

核心半径：设置闪电主干的宽度。

核心不透明度：设置闪电主干的不透明度。

核心颜色：设置闪电主干的颜色。

发光半径：设置闪电光晕的大小。

发光不透明度：设置闪电光晕的不透明度。

发光颜色：设置闪电光晕的颜色。

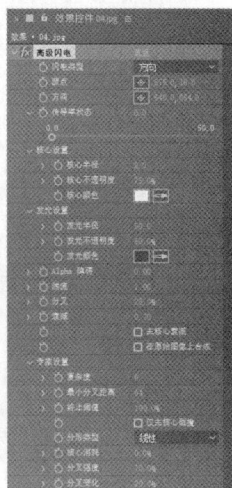

图 6-124

Alpha 障碍：设置原始图层的 Alpha 通道对闪电路径的影响程度。

湍流：设置闪电的流动变化。

分叉：设置闪电的分叉数量。

衰减：设置闪电的衰减数量。

主核心衰减：设置闪电主干的衰减量。

在原始图像上合成：勾选该复选框，可以直接对图片设置闪电。

复杂度：设置闪电的复杂程度。

最小分叉距离：设置分叉之间的距离，值越大，分叉越少。

终止阈值：值越小，闪电更容易终止。

仅主核心碰撞：勾选该复选框，只有主干会受到 Alpha 障碍的影响，从主干衍生出的分叉不会受到影响。

分形类型：设置闪电主干的线条样式。

核心消耗：设置闪电主干渐隐结束。

分叉强度：设置闪电分叉的强度。

分叉变化：设置闪电分叉的变化。

"高级闪电"效果的应用如图 6-125～图 6-127 所示。

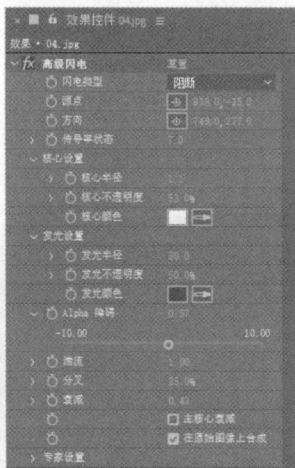

图 6-125   图 6-126   图 6-127

7. 镜头光晕

"镜头光晕"效果可以模拟镜头拍摄发光的物体时，经过多片镜头产生的很多光环效果，是后期制作中常用的用于提升画面质量的效果。该效果的参数如图 6-128 所示。

光晕中心：设置发光点的中心位置。

光晕亮度：设置光晕的亮度。

镜头类型：设置镜头的类型，类型有"50-300 毫米变焦""35 毫米定焦""105 毫米定焦"三种。

图 6-128

与原始图像混合：设置光环效果和原素材图像的混合程度。

"镜头光晕"效果的应用如图 6-129～图 6-131 所示。

图 6-129　　　　　　　　图 6-130　　　　　　　　图 6-131

8. 单元格图案

"单元格图案"效果可用于创建多种类型的类似细胞图案的单元图案拼合效果，其参数如图 6-132 所示。

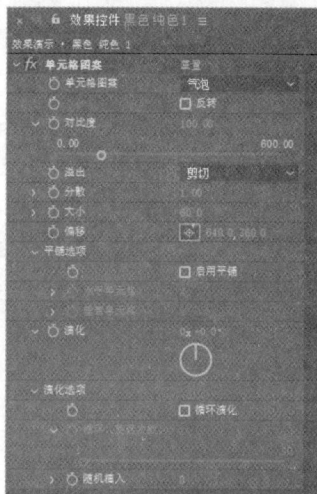

单元格图案：设置图案的类型，包括"气泡""晶体""印板""静态板""晶格化""枕状""晶体 HQ""印板 HQ""静态板 HQ""晶格化 HQ""混合晶体""管状"。

反转：勾选该复选框可反转图案效果。

对比度：设置单元格的颜色对比度。

溢出：包括"剪切""柔和夹住""背面包围"等选项。

分散：设置图案的分散程度。

大小：设置单个图案的尺寸。

偏移：设置图案偏离中心点的量。

平铺选项：在该选项下勾选"启用平铺"复选框后，可以设置水平单元格和垂直单元格的数值。

图 6-132

演化：为这个参数设置关键帧，可以记录运动变化的动画效果。

演化选项：设置图案的各种扩展变化。

循环（旋转次数）：设置图案的循环。

随机植入：设置图案的随机速度。

"单元格图案"效果的应用如图 6-133～图 6-135 所示。

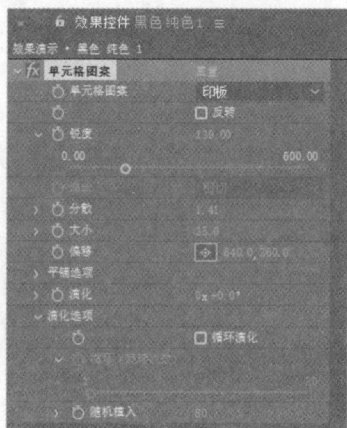

图 6-133　　　　　　　　图 6-134　　　　　　　　图 6-135

9. 棋盘

"棋盘"效果用于在图像上创建类似棋盘格的图案效果,其参数如图 6-136 所示。

锚点:设置棋盘格的位置。

大小依据:设置棋盘的尺寸类型,包括"角点""宽度滑块""宽度和高度滑块"。

边角:只有在"大小依据"中选择"角点"选项,才能激活此选项。

宽度:只有在"大小依据"中选择"宽度滑块"或"宽度和高度滑块"选项,才能激活此选项。

高度:只有在"大小依据"中选择"宽度滑块"或"宽度和高度滑块"选项,才能激活此选项。

羽化:设置棋盘格水平或垂直边缘的羽化程度。

颜色:设置棋盘格的颜色。

不透明度:设置棋盘的不透明度。

混合模式:设置棋盘与原图的混合方式。

"棋盘"效果的应用如图 6-137~图 6-139 所示。

图 6-136

图 6-137   图 6-138   图 6-139

6.2.4 【实战演练】——修复逆光影片

使用"导入"命令导入视频,使用"色阶"命令和"颜色平衡"命令调整视频的亮度及色调。最终效果参看云盘中的"Ch06 > 修复逆光影片 > 修复逆光影片.aep",如图 6-140 所示。

图 6-140

6.3　制作光芒放射效果

6.3.1　【训练目标】

使用"分形杂色"命令、"定向模糊"命令、"色相/饱和度"命令、"发光"命令、"极坐标"命令制作光芒放射效果。最终效果参看云盘中的"Ch06 > 制作光芒放射效果 > 制作光芒放射效果.aep"，如图 6-141 所示。

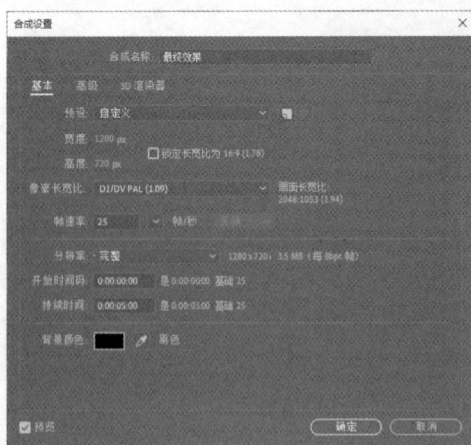

图 6-141

6.3.2　【案例操作】

步骤❶ 按 Ctrl+N 组合键，弹出"合成设置"对话框，在"合成设置"文本框中输入"最终效果"，其他选项的设置如图 6-142 所示，单击"确定"按钮，创建一个新的合成"最终效果"。

步骤❷ 选择"文件 > 导入 > 文件"命令，在弹出的"导入文件"对话框中选择云盘中的"Ch06 > 制作光芒放射效果 > (Footage) > 01.avi"文件，单击"导入"按钮，导入素材到"项目"面板中，如图 6-143 所示。

图 6-142　　　　　　　　　　　　　图 6-143

步骤❸ 在"项目"面板中选中"01.avi"文件，将其拖曳到时间轴面板中，按 S 键，展开"缩放"属性，设置"缩放"数值为 75.0，75.0%，如图 6-144 所示。"合成"面板中的效果如图 6-145 所示。

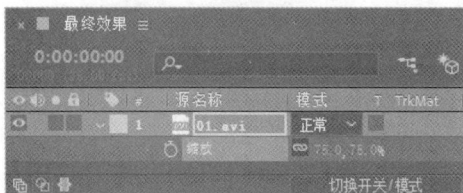

图 6-144

图 6-145

步骤④ 选择"效果 > 颜色校正 > 色相/饱和度"命令，在"效果控件"面板中进行参数设置，如图 6-146 所示。"合成"面板中的效果如图 6-147 所示。

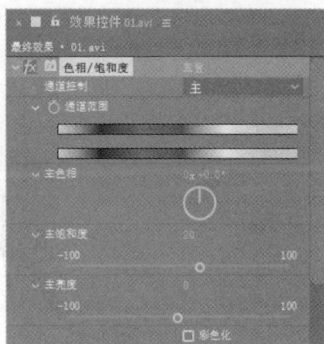

图 6-146

图 6-147

步骤⑤ 选择"效果 > 颜色校正 > 色阶"命令，在"效果控件"面板中进行参数设置，如图 6-148 所示。"合成"面板中的效果如图 6-149 所示。

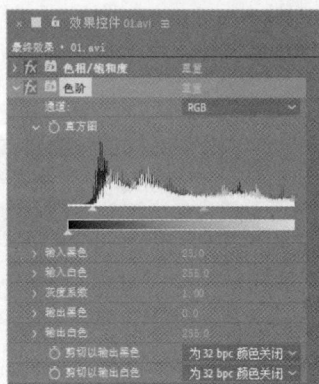

图 6-148

图 6-149

步骤⑥ 选择"图层 > 新建 > 纯色"命令，弹出"纯色设置"对话框，在"名称"文本框中输入"放射光芒"，将"颜色"设置为黑色，单击"确定"按钮，时间轴面板中新增一个黑色纯色图层。

步骤⑦ 选中"放射光芒"图层，选择"效果 > 杂波和颗粒 > 分形杂色"命令，在"效果控件"面板中进行参数设置，如图 6-150 所示。"合成"面板中的效果如图 6-151 所示。

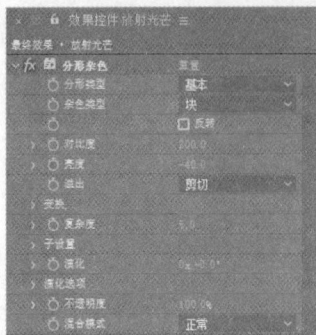
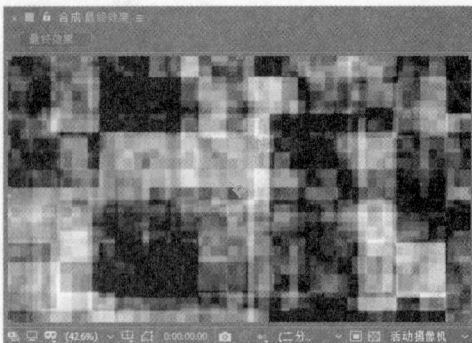

图 6-150　　　　　　　　　　　　　　　　图 6-151

步骤⑧ 将时间标签放置在 0:00:00:00 的位置，在"效果控件"面板中单击"演化"选项左侧的"关键帧自动记录器"按钮，如图 6-152 所示，记录第 1 个关键帧。将时间标签放置在 0:00:04:24 的位置，在"效果控件"面板中设置"演化"数值为 10x+0.0°，如图 6-153 所示，记录第 2 个关键帧。

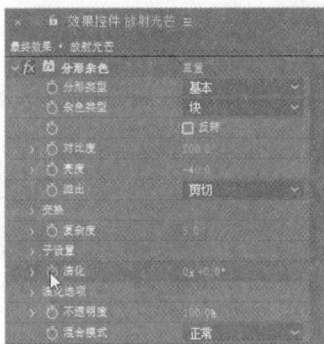
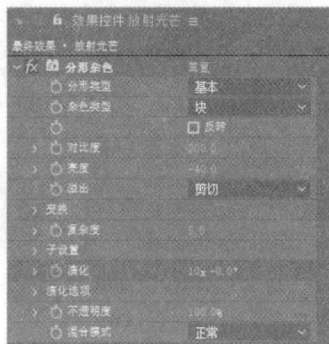

图 6-152　　　　　　　　　　　　　　　图 6-153

步骤⑨ 将时间标签放置在 0:00:00:00 的位置，选中"放射光芒"图层，选择"效果 > 模糊和锐化 > 定向模糊"命令，在"效果控件"面板中进行参数设置，如图 6-154 所示。"合成"面板中的效果如图 6-155 所示。

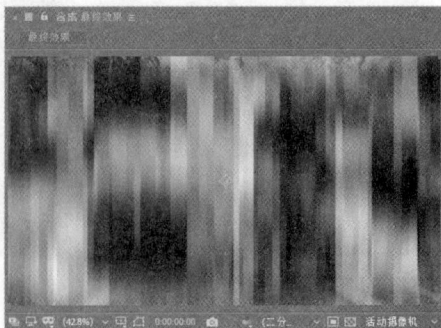

图 6-154　　　　　　　　　　　　　　　图 6-155

步骤⑩ 选择"效果 > 颜色校正 > 色相/饱和度"命令，在"效果控件"面板中进行参数设置，如图 6-156 所示。"合成"面板中的效果如图 6-157 所示。

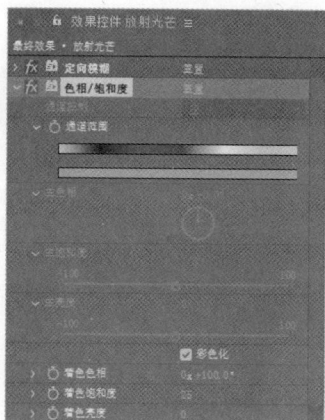
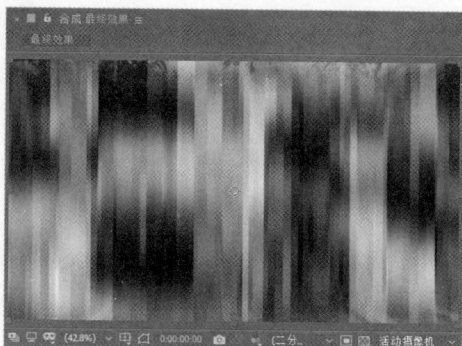

图 6-156 图 6-157

步骤⑪ 选择"效果 > 风格化 > 发光"命令，在"效果控件"面板中设置"颜色 A"为浅绿色（R、G、B 的值分别为 194、255、201），设置"颜色 B"为绿色（R、G、B 的值分别为 0、255、24），其他参数的设置如图 6-158 所示。"合成"面板中的效果如图 6-159 所示。

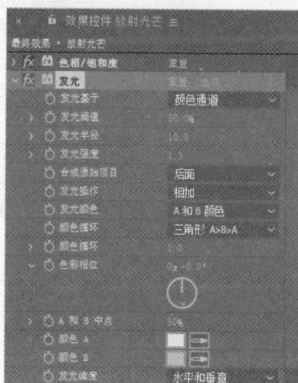

图 6-158 图 6-159

步骤⑫ 选择"效果 > 扭曲 > 极坐标"命令，在"效果控件"面板中进行参数设置，如图 6-160 所示。"合成"面板中的效果如图 6-161 所示。

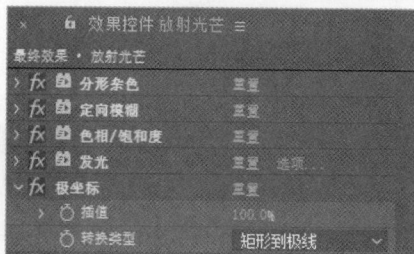

图 6-160 图 6-161

步骤⑬ 在时间轴面板中设置"放射光芒"图层的混合模式为"相加"，如图 6-162 所示。光芒放射效果制作完成，如图 6-163 所示。

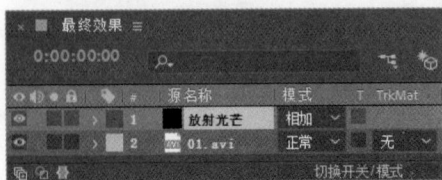

图 6-162　　　　　　　　　　　　　　　　　图 6-163

6.3.3 【相关知识】

1. 凸出

"凸出"效果可以模拟图像透过气泡或放大镜时所产生的膨胀效果，其参数如图 6-164 所示。

水平半径：设置膨胀效果的水平半径。

垂直半径：设置膨胀效果的垂直半径。

凸出中心：设置膨胀效果的中心定位点。

凸出高度：设置膨胀程度。正值为膨胀，负值为收缩。

锥形半径：设置膨胀边界的锐利程度。

图 6-164

消除锯齿（仅最佳品质）：反锯齿设置，只用于最高质量的图像。

固定所有边缘：勾选该复选框可固定住所有边界。

"凸出"效果的应用如图 6-165～图 6-167 所示。

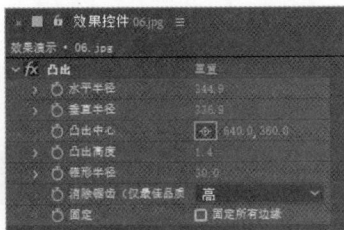

图 6-165　　　　　　　　　图 6-166　　　　　　　　　图 6-167

2. 边角定位

"边角定位"效果通过改变 4 个角的位置来使图像变形，可根据需要来定位角点。使用该效果可以拉伸、收缩、倾斜和扭曲图形，也可以模拟透视效果，还可以和运动遮罩层相结合，形成画中画效果。"边角定位"效果的参数如图 6-168 所示。

左上：设置左上角的定位点。

右上：设置右上角的定位点。

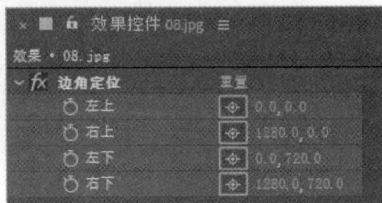

图 6-168

左下：设置左下角的定位点。

右下：设置右下角的定位点。

"边角定位"效果的应用如图 6-169 所示。

图 6-169

3. 网格变形

"网格变形"效果使用网格化的曲线切片控制图像的变形区
域。确定好网格数量之后，一般通过在合成图像中拖曳网格的
节点来控制变形效果，其参数如图 6-170 所示。

行数：用于设置行数。

列数：用于设置列数。

品质：用于指定图像遵循曲线定义的形状的近似程度。

图 6-170

扭曲网格：用于改变分辨率，在行列数发生变化时显示。如果想进行更细致的调整，可以增加行
/列数（控制节点）。

"网格变形"效果的应用如图 6-171～图 6-173 所示。

图 6-171　　　　　　　图 6-172　　　　　　　图 6-173

4. 极坐标

"极坐标"效果用于将图像的直角坐标转化为极坐标，以产
生扭曲效果，其参数如图 6-174 所示。

插值：设置扭曲程度。

转换类型：设置转换类型。"极线到矩形"表示将极坐标转
化为直角坐标，"矩形到极线"表示将直角坐标转化为极坐标。

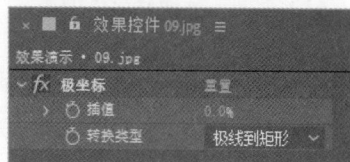

图 6-174

"极坐标"效果的应用如图 6-175～图 6-177 所示。

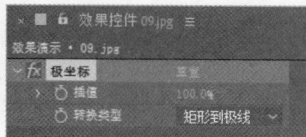
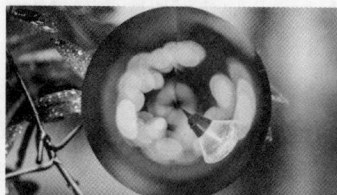

图 6-175　　　　　　　图 6-176　　　　　　　图 6-177

5．置换图

"置换图"效果是用另一张作为映射层的图像的像素来置换原图像像素，通过映射的像素颜色值对本图层进行变形，变形分水平和垂直两个方向，其参数如图 6-178 所示。

置换图层：选择作为映射层的图像。

用于水平置换/用于垂直置换：用于调节水平或垂直方向的通道，默认范围为-100～100。最大范围为-32000～32000。

最大水平置换/最大垂直置换：用于调节映射层的水平或垂直位置。在水平方向上，负值表示向左移动，正值表示向右移动；在垂直方向上，负值表示向下移动，正值表示向上移动。默认范围为-100～100，最大范围为-32000～32000。

图 6-178

置换图特性：选择映射方式。

边缘特性：设置边缘行为。

像素回绕：勾选该复选框可锁定边缘像素。

扩展输出：勾选该复选框可使此效果的结果伸展到原图像边缘外。

"置换图"效果的应用如图 6-179～图 6-181 所示。

图 6-179

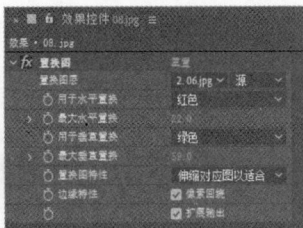
图 6-180

图 6-181

6．分形杂色

"分形杂色"效果可以模拟烟、云、水流等纹理图案，其参数如图 6-182 所示。

分形类型：选择分形类型。

杂色类型：选择杂色的类型。

反转：勾选该复选框可反转图像的颜色，即将黑色和白色反转。

对比度：调节生成杂色图案的对比度。

亮度：调节生成杂色图案的亮度。

溢出：选择杂色图案的比例、旋转和偏移等。

复杂度：设置杂色图案的复杂程度。

子设置：杂色的子分形变化的相关设置（如子分形影响力、子分形缩放等）。

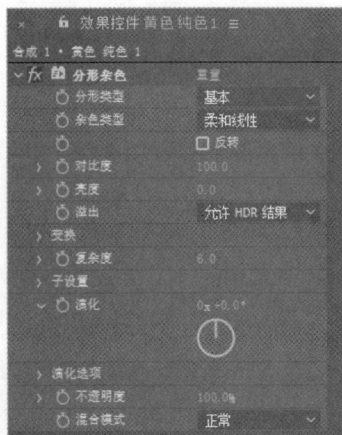

图 6-182

演化：控制杂色的分形变化相位。

演化选项：控制分形变化的一些设置（循环、随机种子等）。

不透明度：设置生成的杂色图案的不透明度。

混合模式：设置生成的杂色图案与原素材图像的叠加模式。

"分形杂色"效果的应用如图 6-183～图 6-185 所示。

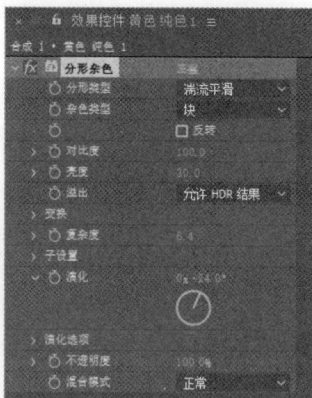

| 图 6-183 | 图 6-184 | 图 6-185 |

7. 中间值（旧版）

"中间值（旧版）"效果使用指定半径范围内的像素的平均值来替换原像素值。指定值较小时，该效果可以用来减少画面中的杂点；值较大时，会产生一种绘画效果。"中间值（旧版）"效果的参数如图 6-186 所示。

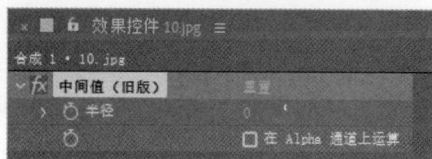

图 6-186

半径：指定像素半径。

在 Alpha 通道上运算：控制中间值是否应用于 Alpha 通道。

"中间值（旧版）"效果的应用如图 6-187～图 6-189 所示。

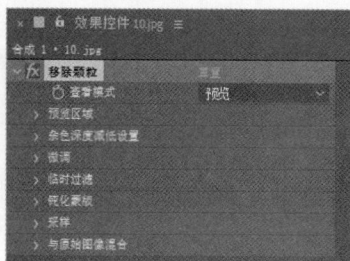

| 图 6-187 | 图 6-188 | 图 6-189 |

8. 移除颗粒

"移除颗粒"效果可用于移除杂点或颗粒，其参数如图 6-190 所示。

查看模式：设置查看的模式，可以选择"预览""杂波取样""混合蒙版""最终输出"模式。

预览区域：设置预览区域的大小、位置等。

杂色深度减低设置：对杂点或噪波进行设置。

微调：对材质、尺寸、色泽等进行精细的设置。

临时过滤：设置是否开启临时过滤。

钝化蒙版：设置反锐化遮罩。

采样：设置各种采样情况、采样点等参数。

图 6-190

与原始图像混合：设置与原始图像混合的效果。

"移除颗粒"效果的应用如图 6-191～图 6-193 所示。

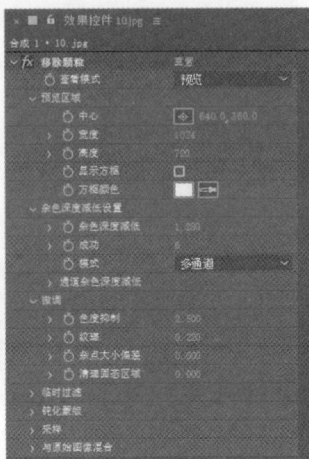

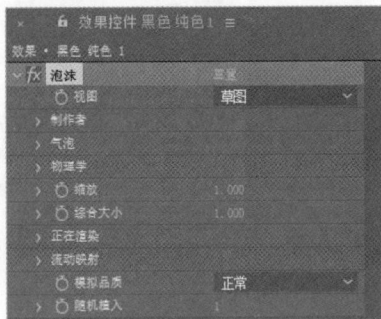 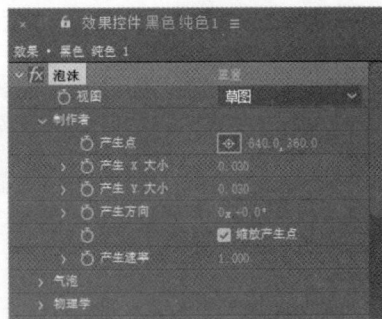

图 6-191　　　　　　　　　　图 6-192　　　　　　　　　　图 6-193

9. 泡沫

"泡沫"效果的参数如图 6-194 所示。

视图：在该下拉列表中可以选择气泡效果的显示方式。"草图"方式以草图模式渲染气泡效果，虽然不能在该方式下看到气泡的最终效果，但是可以预览气泡的运动方式和状态，该方式的计算速度非常快。为效果指定影响通道后，使用"草图+流动映射"方式可以看到指定的影响对象。在"已渲染"方式下可以预览气泡的最终效果，但是计算速度相对较慢。

制作者：用于设置气泡的粒子发射器的相关参数，如图 6-195 所示。

图 6-194　　　　　　　　　　　　　图 6-195

● 产生点：用于控制发射器的位置。所有的气泡粒子都由发射器产生，就好像从水枪中喷出气泡一样。

● 产生 X/Y 大小：分别用于控制发射器的大小。在"草图"或者"草图+流动映射"方式下预览效果时，可以观察发射器。

● 产生方向：用于旋转发射器，使气泡产生旋转效果。

● 缩放产生点：用于缩放发射器的位置。如不勾选此复选框，则系统默认以发射效果点为中心缩放发射器的位置。

● 产生速率：用于控制发射速度。一般情况下，数值越大，发射速度越快，单位时间内产生的气泡粒子也越多。当数值为 0 时，不发射粒子。系统发射粒子时，在效果的开始位置，粒子数目为0。

气泡：用于对气泡粒子的尺寸、生命值以及强度进行控制，如图 6-196 所示。

● 大小：用于控制气泡粒子的尺寸。数值越大，气泡粒子越大。

● 大小差异：用于控制粒子的大小差异。数值越大，每个粒子的大小差异越大。数值为 0 时，每个粒子的最终大小相同。

● 寿命：用于控制粒子的生命值。每个粒子在发射产生后，最终都会消失，生命值即粒子从产生到消亡的时间。

● 气泡增长速度：用于控制每个粒子生长的速度，即粒子从产生到增长为最终大小的时间。

● 强度：用于控制粒子效果的强度。

物理学：该参数会影响粒子运动，如初始速度、风速、排斥力及粘度等，如图 6-197 所示。

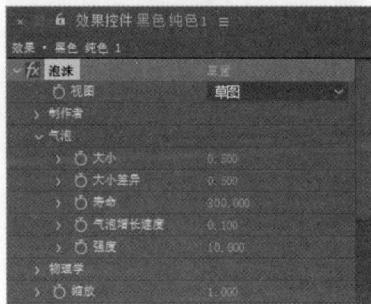

图 6-196

图 6-197

● 初始速度：控制粒子的初始速度。

● 初始方向：控制粒子的初始方向。

● 风速：控制影响粒子的风速。

● 风向：控制风的方向。

● 湍流：控制粒子的混乱度。该数值越大，粒子运动越混乱，粒子同时向四面八方发散；数值较小，则粒子运动较为有序和集中。

● 摇摆量：控制粒子的摇摆强度。该值较大时，粒子会产生摇摆变形。

● 排斥力：用于控制粒子间的排斥力。数值越大，粒子间的排斥力越强。

● 弹跳速度：控制粒子运动的总速率。

● 粘度：控制粒子的黏度。数值越小，粒子堆砌得越紧密。

● 粘性：控制粒子间的黏着程度。

缩放：用于对粒子进行缩放。

综合大小：该参数用于控制粒子的综合尺寸。在"草图"或者"草图+流动映射"方式下预览效果时，可以观察综合尺寸范围框。

正在渲染：该参数用于控制粒子的渲染属性，如"混合模式"下的粒子纹理及反射效果等。该参数的设置效果仅在渲染模式下才能看到。渲染效果参数设置如图 6-198 所示。

● 混合模式：用于控制粒子间的混合模式。在"透明"模式下，粒子间进行透明叠加。

- 气泡纹理：可在该下拉列表中选择气泡粒子的材质。
- 气泡纹理分层：用于指定用作气泡图像的图层。
- 气泡方向：在该下拉列表中可选择气泡的方向。可以使用默认的坐标，也可以使用物理参数控制方向，还可以根据气泡的运动速率进行控制。
- 环境映射：控制所有的气泡粒子都可以对周围的环境进行反射，可以在该下拉列表中指定气泡粒子的反射层。
- 反射强度：控制反射的强度。
- 反射融合：控制反射的融合度。

流动映射：在该参数中可指定一个图层来影响粒子效果。在"流动映射"下拉列表中可以选择对粒子效果产生影响的目标图层，如图 6-199 所示。选择目标图层后，在"草图+流动映射"方式下，可以看到流动映射效果。

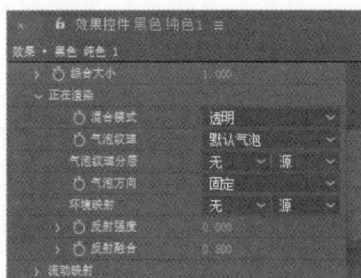 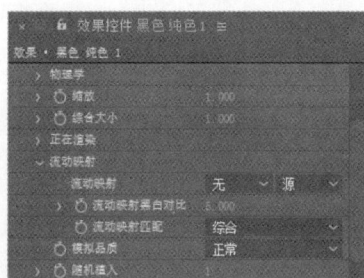

图 6-198   图 6-199

- 流动映射黑白对比：用于控制目标图层对粒子的影响。
- 流动映射匹配：用于指定流动图是与图层相关还是与气泡范围相关。
- 模拟品质：在该下拉列表中可选择气泡粒子的仿真质量。

"泡沫"效果的应用如图 6-200～图 6-202 所示。

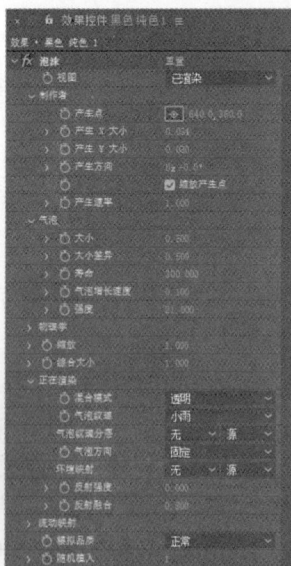

图 6-200   图 6-201   图 6-202

10. 查找边缘

"查找边缘"效果通过强化过渡像素来产生彩色线条,其参数如图 6-203 所示。

反转:用于反向勾边结果。

与原始图像混合:设置和原始素材图像的混合比例。

"查找边缘"效果的应用如图 6-204～图 6-206 所示。

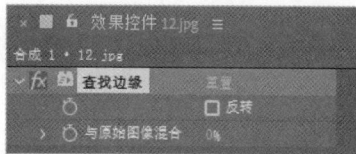

图 6-203

图 6-204

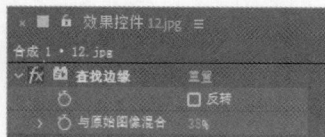

图 6-205

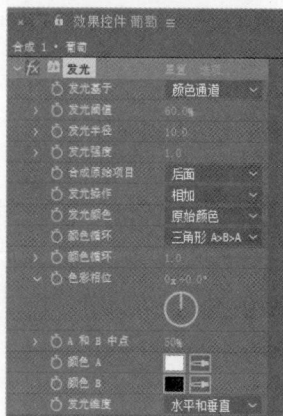

图 6-206

11. 发光

"发光"效果经常用于图像中的文字和带有 Alpha 通道的图像,可产生发光或光晕的效果,其参数如图 6-207 所示。

发光基于:控制辉光效果基于哪一种通道。

发光阈值:设置辉光的阈值,影响辉光的覆盖面。

发光半径:设置辉光的发光半径。

发光强度:设置辉光的发光强度,影响辉光的亮度。

合成原始项目:设置辉光和原始素材图像的合成方式。

发光操作:设置辉光的发光模式,类似层模式的选择。

发光颜色:设置辉光的颜色。

颜色循环:设置辉光颜色的循环方式。

颜色循环:设置辉光颜色循环的数值。

色彩相位:设置辉光的颜色相位。

A 和 B 中点:设置辉光颜色 A 和颜色 B 的中点百分比。

颜色 A:选择颜色 A。

颜色 B:选择颜色 B。

发光维度:设置辉光作用的方向,有"水平和垂直""水平""垂直"3 种方式。

"发光"效果的应用如图 6-208～图 6-210 所示。

图 6-207

图 6-208

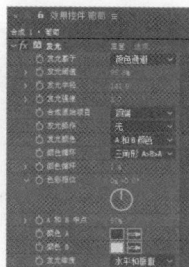

图 6-209

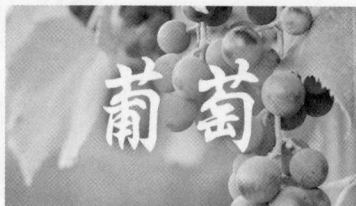

图 6-210

6.3.4　【实战演练】——制作气泡效果

使用"泡沫"命令制作气泡效果。最终效果参看云盘中的"Ch06 ＞ 制作气泡效果 ＞ 制作气泡效果.aep"，如图 6-211 所示。

图 6-211

6.4　综合案例——制作保留颜色效果

使用"曲线"命令、"保留颜色"命令、"色相/饱和度"命令调整图片局部颜色效果，使用横排文字工具输入文字。最终效果参看云盘中的"Ch06 ＞ 制作保留颜色效果 ＞ 制作保留颜色效果.aep"，如图 6-212 所示。

图 6-212

6.5　综合案例——制作随机线条效果

使用"照片滤镜"命令和"自然饱和度"命令调整视频的色调，使用"分形杂色"命令，制作随机线条效果。最终效果参看云盘中的"Ch06 ＞ 制作随机线条效果 ＞ 制作随机线条效果.aep"，如图 6-213 所示。

图 6-213

07

第 7 章
跟踪与表达式

本章对 After Effects 2020 中的跟踪与表达式进行介绍，重点讲解运动跟踪中的单点跟踪和多点跟踪，以及表达式的创建与编写。通过对本章的学习，读者可以制作自动生成的动画。

课堂学习目标

✓ 熟练掌握单点跟踪的创建方式
✓ 熟练掌握多点跟踪的创建方式
✓ 掌握表达式的使用方法

素养目标

✓ 提升执行意识和执行能力

7.1　制作单点跟踪效果

7.1.1　【训练目标】

使用"跟踪器"命令添加跟踪点，使用"空对象"命令新建空图层。最终效果参看云盘中的"Ch07 > 制作单点跟踪效果 > 制作单点跟踪效果.aep"，如图 7-1 所示。

图 7-1

制作单点跟踪
效果

7.1.2　【案例操作】

步骤❶ 按 Ctrl+N 组合键，弹出"合成设置"对话框，在"合成名称"文本框中输入"最终效果"，其他选项的设置如图 7-2 所示，单击"确定"按钮，创建一个新的合成"最终效果"。选择"文件 > 导入 > 文件"命令，在弹出的"导入文件"对话框中选择云盘中的"Ch07 > 制作单点跟踪效果 > (Footage) > 01.mpeg"文件，单击"导入"按钮，将视频文件导入"项目"面板中，如图 7-3 所示。

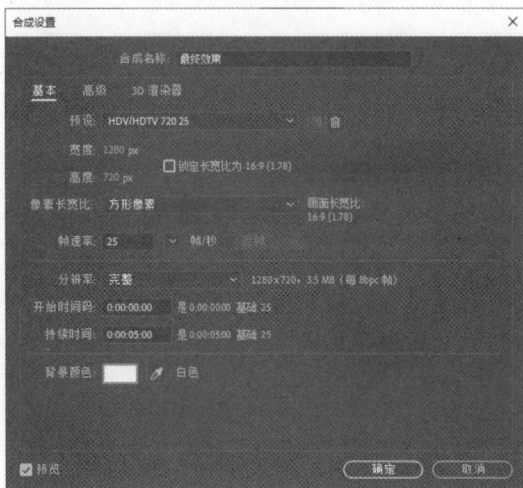

图 7-2

图 7-3

步骤❷ 在"项目"面板中选中"01.mpeg"文件并将其拖曳到时间轴面板中，如图 7-4 所示。"合成"面板中的效果如图 7-5 所示。选择"图层 > 新建 > 空对象"命令，在时间轴面板中新建一个"空 1"图层，如图 7-6 所示。

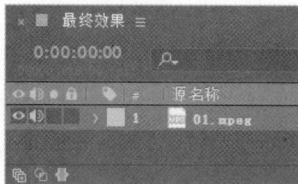

图 7-4

图 7-5

图 7-6

步骤❸ 选择"窗口 > 跟踪器"命令，打开"跟踪器"面板，如图 7-7 所示。选中"01.mpeg"图层，在"跟踪器"面板中单击"跟踪运动"按钮，如图 7-8 所示。"图层"面板中的效果如图 7-9所示。

图 7-7

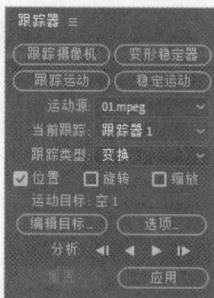

图 7-8

图 7-9

步骤❹ 拖曳控制点到眼睛的位置，如图 7-10 所示。在"跟踪器"面板中单击"向前分析"按钮，如图 7-11 所示，After Effects 将自动进行跟踪计算。

图 7-10

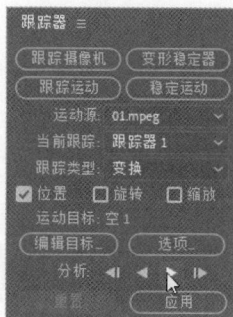

图 7-11

步骤❺ 在"跟踪器"面板中单击"应用"按钮，如图 7-12 所示，弹出"动态跟踪器应用选项"对话框，单击"确定"按钮，如图 7-13 所示。

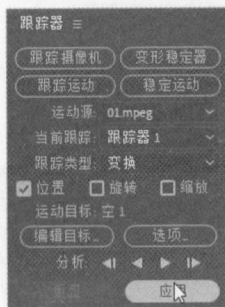

图 7-12   图 7-13

步骤⑥ 选中"01.mpeg"图层，按 U 键展开所有关键帧，可以看到刚才的控制点经过跟踪计算后产生的一系列关键帧，如图 7-14 所示。

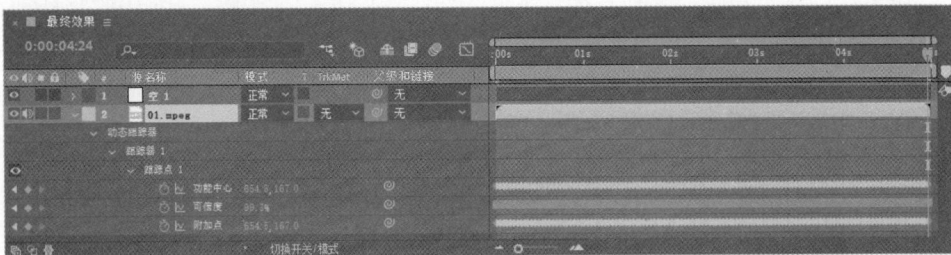

图 7-14

步骤⑦ 选中"空 1"图层，按 U 键展开所有关键帧，同样可以看到跟踪计算产生的一系列关键帧，如图 7-15 所示。单点跟踪效果制作完成。

图 7-15

7.1.3 【相关知识】

1. 单点跟踪

在制作某些合成效果时，可能需要让某种效果跟踪另外一个物体的运动，从而创建出想要的效果。例如，通过跟踪手指上某个点的运动轨迹，使调节图层与手指的运动轨迹相同，从而制作出动态跟踪效果，如图 7-16 所示。

选择"动画 > 跟踪运动"或"窗口 > 跟踪器"命令，打开"跟踪器"面板，在"图层"面板中显示当前图层。设置"跟踪类型"为"变换"，制作单点跟踪效果。在该面板中还可以进行"跟踪摄像机""变形稳定器""跟踪运动""稳定运动""运动源""当前跟踪""位置""旋转""缩放""编辑

图 7-16

目标""选项""分析""重置""应用"等操作,与"图层"面板相结合,可以设置单点跟踪效果,如图 7-17 所示。

图 7-17

2. 多点跟踪

在影片的合成过程中经常需要将动态影片中的某一部分图像设置成其他图像,并生成跟踪效果,从而制作出想要的效果。例如,将一段影片与另一指定的图像进行置换合成。动态跟踪通过追踪墙壁上电视影片中 4 个点的运动轨迹,使指定置换的图像与影片画面的运动轨迹相同,制作合成效果,合成前与合成后的效果分别如图 7-18 和图 7-19 所示。

图 7-18   图 7-19

多点跟踪效果的设置与单点跟踪效果的设置基本相同,只是需要将"跟踪类型"设置为"透视边角定位",指定类型后"图层"面板中会出现 4 个跟踪点,如图 7-20 所示。

图 7-20

7.1.4　【实战演练】——制作多点跟踪效果

使用"跟踪器"命令编辑多个跟踪点并改变其位置。最终效果参看云盘中的"Ch07 > 制作多点跟踪效果 > 制作多点跟踪效果.aep"，如图 7-21 所示。

制作多点跟踪效果

图 7-21

7.2　制作放大镜效果

7.2.1　【训练目标】

使用"导入"命令导入图片，使用向后平移（锚点）工具改变放大镜的中心点位置，使用"球面化"命令制作球面效果，使用"添加表达式"命令制作放大效果。最终效果参看云盘中的"Ch07 > 制作放大镜效果 > 制作放大镜效果.aep"，如图 7-22 所示。

制作放大镜效果

图 7-22

7.2.2　【案例操作】

步骤❶ 按 Ctrl+N 组合键，弹出"合成设置"对话框，在"合成名称"文本框中输入"最终效果"，其他选项的设置如图 7-23 所示，单击"确定"按钮，创建一个新的合成"最终效果"。

步骤❷ 选择"导入 > 文件 > 导入"命令，在弹出的"导入文件"对话框中选择云盘中的"Ch07 > 制作放大镜效果 >（Footage）> 01.jpg、02.png"文件，单击"导入"按钮，将图片导入"项目"面板，如图 7-24 所示。

步骤❸ 在"项目"面板中选中"01.jpg""02.png"文件并将它们拖曳到时间轴面板中，图层的排列如图 7-25 所示。

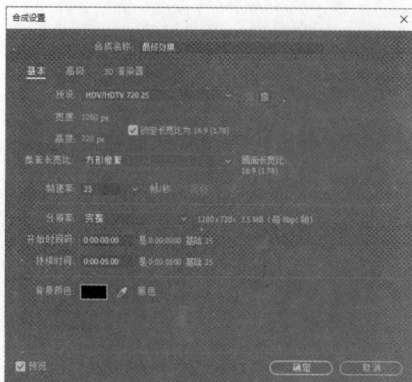

图 7-23

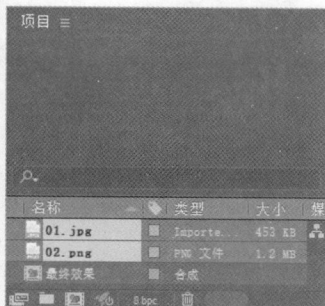

图 7-24

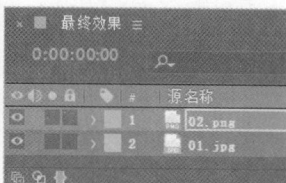

图 7-25

步骤④ 选中"02.png"图层，按 S 键，展开"缩放"属性，设置"缩放"数值为 20.0,20.0%，如图 7-26 所示。"合成"面板中的效果如图 7-27 所示。

图 7-26

图 7-27

步骤⑤ 选择向后平移（锚点）工具 ，在"合成"面板中拖曳鼠标指针，调整放大镜的中心点位置，如图 7-28 所示。将时间标签放置在 0:00:00:00 的位置，按 P 键，展开"位置"属性，设置"位置"数值为 469.0,235.1，单击"位置"选项左侧的"关键帧自动记录器"按钮 ，如图 7-29 所示，记录第 1 个关键帧。

图 7-28

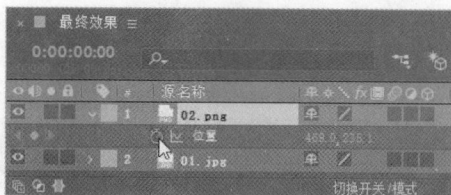

图 7-29

步骤⑥ 将时间标签放置在 0:00:02:00 的位置，设置"位置"数值为 636.3,442.4，如图 7-30 所示，记录第 2 个关键帧。将时间标签放置在 0:00:04:24 的位置，设置"位置"数值为 798.3,206.1，如图 7-31 所示，记录第 3 个关键帧。

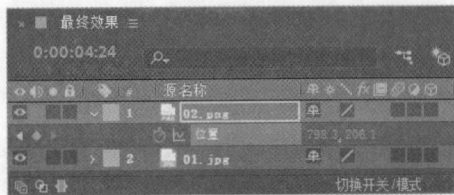

图 7-30　　　　　　　　　　　　　　图 7-31

步骤⑦ 将时间标签放置在 0：00：00：00 的位置，选中"01.jpg"图层，选择"效果 > 扭曲 > 球面化"命令，在"效果控件"面板中设置相关参数，如图 7-32 所示。"合成"面板中的效果如图 7-33 所示。

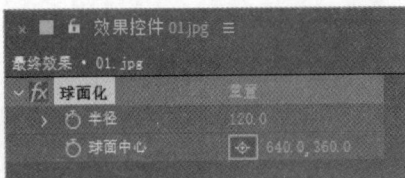

图 7-32

图 7-33

步骤⑧ 在时间轴面板中展开"球面化"属性，选中"球面中心"选项，选择"动画 > 添加表达式"命令，为"球面中心"选项添加一个表达式。在时间轴面板右侧输入表达式"thisComp.layer("02.png").position"，如图 7-34 所示。

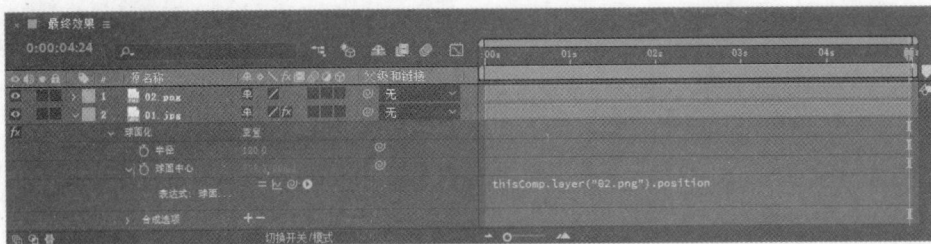

图 7-34

步骤⑨ 放大镜效果制作完成，效果如图 7-35 所示。

图 7-35

7.2.3　【相关知识】

1. 创建表达式

在时间轴面板中选择一个需要添加表达式的控制属性，在菜单栏中选择"动画 > 添加表达式"命令，激活该属性，如图 7-36 所示。属性被激活后可以在该属性右侧直接输入表达式以覆盖现有的文字，添加了表达式的属性中会自动增加启用开关██、显示图表██、表达式拾取██和语言菜单██等按钮，如图 7-37 所示。

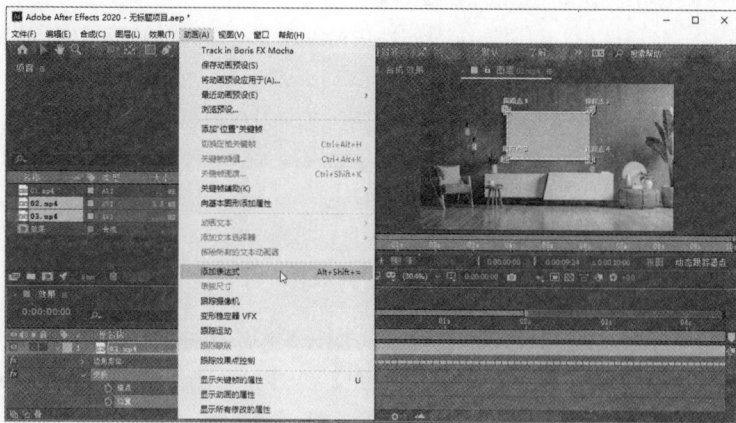

图 7-36

图 7-37

编写、添加表达式的工作都在时间轴面板中完成，当添加一个图层属性的表达式到时间轴面板时，一个默认的表达式会出现在该属性下方的表达式编辑区中，在这个表达式编辑区中可以输入新的表达式或修改表达式的值。许多表达式依赖于图层属性名，如果改变了表达式所在图层的属性名或图层名，这个表达式可能产生一个错误的消息。

2. 编写表达式

可以在时间轴面板的表达式编辑区中直接编写表达式，或通过其他文字工具编写。使用其他文字工具编写表达式时，只需将表达式复制到表达式编辑区中即可。在编写表达式时，需要了解一些 JavaScript 语法和数学基础知识。

编写表达式需要注意以下事项：JavaScript 语句区分大小写；一段或一行代码后需要加";"符号，使词间空格被忽略。

在 After Effects 中，可以用表达式访问属性值。访问属性值时，用"."符号将对象连接起来。例如，连接 Effect、masks、文字动画，可以用"()"符号；将图层 A 的 Opacity 连接到图层 B 的高斯模糊的 Blurriness 属性，可以在图层 A 的 Opacity 属性下面输入如下表达式。

thisComp.layer("layer B").effect("Gaussian Blur") ("Blurriness")

表达式的默认对象是表达式中对应的属性，接着是图层中内容的表达，因此，没有必要指定属性。例如，在图层的"位置"属性上编写摆动表达式可以用如下两种方法。

wiggle(5,10)

position.wiggle(5,10)

表达式中可以包括图层及其属性。例如，将图层 B 的 Opacity 属性与图层 A 的 Position 属性相连的表达式如下。

thisComp.layer(layerA).position[0].wiggle(5,10)

当添加一个表达式到属性后，可以连续对属性进行编辑、增加关键帧等操作。编辑或创建的关键帧的值将在表达式以外的地方使用。

编写好表达式后可以将其存储起来以便将来使用，还可以在记事本中编辑表达式。但是表达式是针对图层的，不能存储和装载表达式到项目中。如果要存储表达式以便用于其他项目，需要添加注解或存储整个项目文件。

7.2.4　【实战演练】——制作弹性文字效果

使用"导入"命令导入素材文件，使用"位置"属性制作位移动画，通过添加表达式为文字添加弹性效果。最终效果参看云盘中的"Ch07 > 制作弹性文字效果 > 制作弹性文字效果.aep"，如图 7-38 所示。

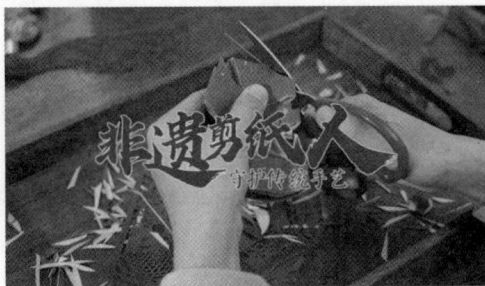

图 7-38

制作弹性文字效果

7.3　综合案例——制作跑步运动跟踪效果

使用"导入"命令导入视频文件，使用"跟踪器"命令进行单点跟踪。最终效果参看云盘中的"Ch07 > 制作跑步运动跟踪效果 > 制作跑步运动跟踪效果.aep"，如图 7-39 所示。

图 7-39

制作跑步运动跟踪效果

7.4 综合案例——制作对象运动跟踪效果

使用"导入"命令导入视频文件，使用"跟踪器"命令编辑多个跟踪点并改变其位置。最终效果参看云盘中的"Ch07 > 制作对象运动跟踪效果 > 制作对象运动跟踪效果.aep"，如图 7-40 所示。

制作对象运动
跟 踪 效 果

图 7-40

08

第8章
抠　像

本章对 After Effects 中的抠像功能进行详细讲解，包括颜色差值抠像、颜色抠像、颜色范围抠像、差值遮罩抠像、提取抠像、内外抠像、线性颜色抠像、亮度抠像、高级溢出抑制器和外挂抠像等内容。通过对本章的学习，读者可以自如地应用抠像功能进行创作。

课堂学习目标　⣿⣿

✔ 熟练掌握抠像效果的操作方法
✔ 熟练掌握外挂抠像插件的使用方法

素养目标　⣿⣿

✔ 提高创新意识和创意设计能力

8.1 制作美食广告效果

8.1.1 【训练目标】

使用"颜色差值键"命令修复图片效果，使用"位置"属性设置图片的位置。最终效果参看云盘中的"Ch08 > 制作美食广告效果 > 制作美食广告效果.aep"，如图 8-1 所示。

图 8-1

8.1.2 【案例操作】

步骤❶ 按 Ctrl+N 组合键，弹出"合成设置"对话框，在"合成名称"文本框中输入"抠像"，其他选项的设置如图 8-2 所示，单击"确定"按钮，创建一个新的合成"抠像"。选择"文件 > 导入 > 文件"命令，弹出"导入文件"对话框，选择云盘中的"Ch08 > 制作美食广告效果 > (Footage) > 01.jpg ～ 03.png"文件，如图 8-3 所示，单击"导入"按钮，导入图片。

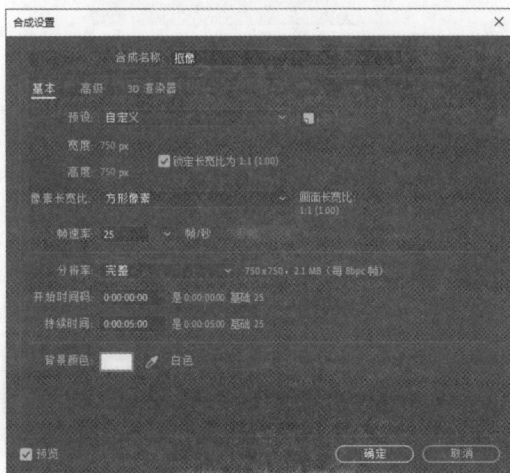

图 8-2

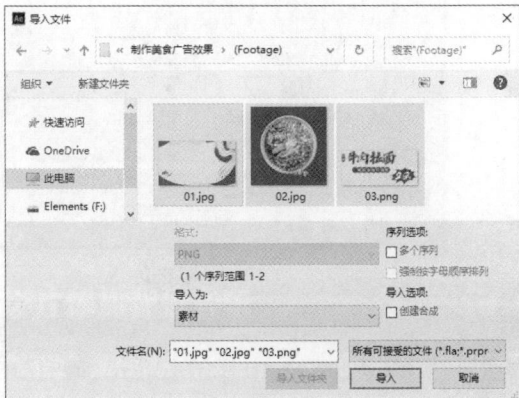

图 8-3

步骤❷ 在"项目"面板中选中"02.jpg"文件并将其拖曳到时间轴面板中，如图 8-4 所示。"合成"面板中的效果如图 8-5 所示。

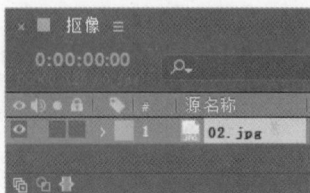

图 8-4

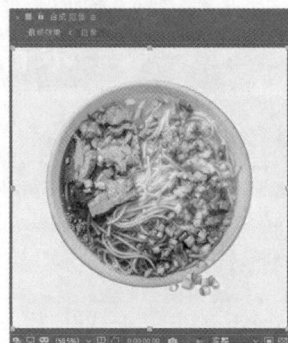

图 8-5

步骤❸ 选中 "02.jpg" 图层，选择 "效果 > 抠像 > 颜色差值键" 命令，选择 "主色" 选项右侧的吸管工具 ，如图 8-6 所示，吸取背景素材上的蓝色。"合成" 面板中的效果如图 8-7 所示。

图 8-6

图 8-7

步骤❹ 在 "效果控件" 面板中进行参数设置，如图 8-8 所示。"合成" 面板中的效果如图 8-9 所示。

图 8-8

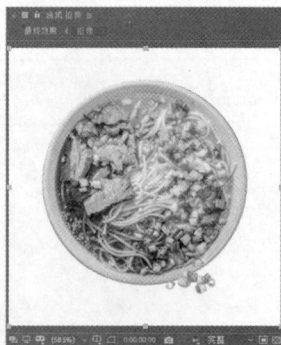

图 8-9

步骤❺ 按 Ctrl+N 组合键，弹出 "合成设置" 对话框，在 "合成名称" 文本框中输入 "最终效果"，其他选项的设置如图 8-10 所示，单击 "确定" 按钮，创建一个新的合成 "最终效果"。在 "项目" 面板中选择 "01.jpg" 文件和 "抠像" 合成，并将它们拖曳到时间轴面板中，图层的排列如图 8-11 所示。

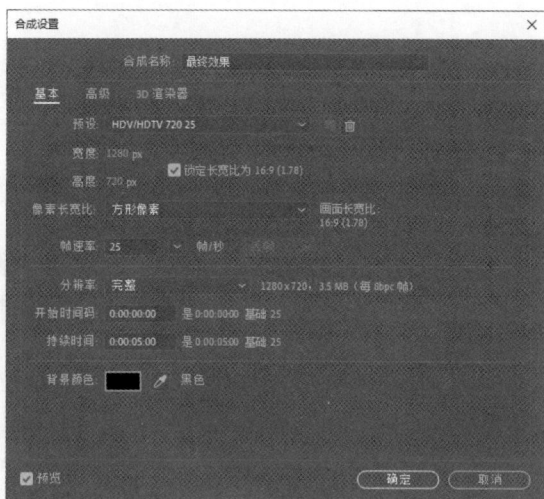

图 8-10

图 8-11

步骤⑥ 选中"抠像"图层,按 P 键,展开"位置"属性,设置"位置"数值为 1064.0,360.0,如图 8-12 所示。"合成"面板中的效果如图 8-13 所示。

图 8-12

图 8-13

步骤⑦ 在"项目"面板中选中"03.png"文件,将其拖曳到时间轴面板中,按 P 键,展开"位置"属性,设置"位置"数值为 518.0,385.0,如图 8-14 所示。"合成"面板中的效果如图 8-15 所示。美食广告效果制作完成。

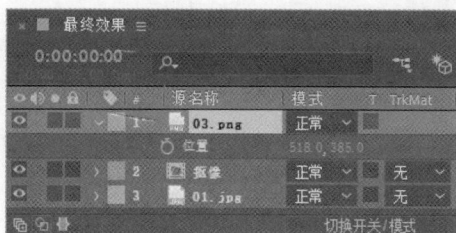

图 8-14

图 8-15

8.1.3 【相关知识】

1. 颜色差值键

颜色差值键为图像添加两个局部蒙版透明效果。局部蒙版 B 使指定的抠像颜色变为透明，局部蒙版 A 使图像中不包含第二种不同颜色的区域变为透明。这两种蒙版效果联合起来就形成了最终的蒙版效果，即背景变为透明。

"预览"选项下方左侧的缩略图表示原始图像，右侧的缩略图表示蒙版效果，吸管工具 🖊 用于在原始图像缩略图中拾取抠像颜色，吸管工具 🖊 用于在蒙版缩略图中拾取透明区域的颜色，吸管工具 🖊 用于在蒙版缩略图中拾取不透明区域的颜色，如图 8-16 所示。

图 8-16

视图：指定合成视图中显示的合成效果。

主色：通过吸管工具拾取透明区域的颜色。

颜色匹配准确度：用于控制匹配颜色的精确度。

蒙版控制：调整通道中"黑色遮罩""白色遮罩""遮罩灰度系数"参数值的设置，从而修改图像蒙版的透明度。

2. 颜色键

颜色键可抠出与指定的主色相似的图像像素，其参数如图 8-17 所示。

图 8-17

主色：通过吸管工具拾取透明区域的颜色。

颜色容差：用于调节与抠像颜色相匹配的颜色范围。该参数值越大，抠掉的颜色范围就越大；该参数值越小，抠掉的颜色范围就越小。

薄化边缘：调整所选区域的边缘的像素值。

羽化边缘：设置抠像区域的边缘以产生柔和的羽化效果。

3. 颜色范围

颜色范围可以通过去除 Lab、YUV 或 RGB 模式中指定范围的颜色来创建透明效果。用户可以对多种颜色组成的背景屏幕图像（如光照不均匀并且包含同种颜色阴影的蓝色或绿色屏幕图像）应用该效果，如图 8-18 所示。

图 8-18

模糊：用于设置选区边缘的模糊量。

色彩空间：用于设置颜色之间的距离，有"Lab""YUV""RGB"3 个选项，每个选项对颜色的变化有不同的处理方式。

最大值/最小值：用于对图层的透明区域进行微调。

4. 差值遮罩

差值遮罩可以通过对比源图层和对比图层的颜色值，将源图层中与对比图层颜色相同的像素删除，从而创建透明效果。该效果的典型应用是将复杂背景中的移动物体合成到其他场景中，通常情况下对比图层采用源图层的背景图像。其参数如图 8-19 所示。

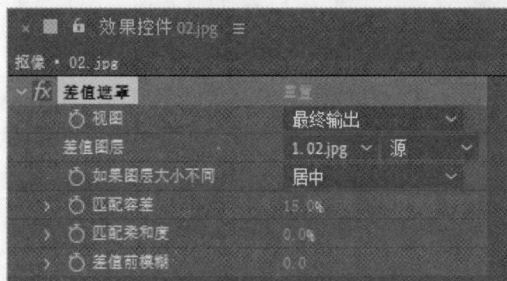

图 8-19

差值图层：设置对比图层。

如果图层大小不同：设置对比图层与源图层的大小匹配方式，有居中和拉伸进行适配两种方式。

匹配容差：用于设置图层之间的颜色匹配程度。值越小，透明度越低；值越大，透明度越高。

匹配柔和度：用于柔化透明和不透明区域之间的边缘。值越大，匹配的像素越透明，但匹配像素的数量不会增加。

差值前模糊：用于细微模糊两个控制层中的颜色噪点。

5. 提取

提取可根据图像的亮度范围来创建透明效果。图像中所有与指定的亮度范围相近的像素都将被删除。这一效果对于具有黑色或白色背景的图像，或者是背景亮度与保留对象之间亮度反差很大的复杂背景图像能发挥很好的作用，还可以用来删除画面中的阴影。其参数如图 8-20 所示。

图 8-20

6. 内部/外部键

内部/外部键通过图层的遮罩路径来确定要隔离的物体边缘，从而把前景物体从它的背景上隔离出来。利用该效果可以将具有不规则边缘的物体从背景中分离出来，这里使用的遮罩路径可以十分粗略，不需要正好在物体的边缘。其参数如图 8-21 所示。

图 8-21

7. 线性颜色键

线性颜色键既可以用来进行抠像处理，也可以用来找回误删除的颜色区域，其参数如图 8-22 所示。如果从图像中抠出的物体包含被抠像颜色，当对其进行抠像时，这些区域可能也会变成透明区域，这时可以对图像应用该效果，然后在"效果控件"面板中设置主要操作为"保持颜色"，从而找回不该删除的区域。

图 8-22

8. 亮度键

亮度键根据图层的亮度对图像进行抠像处理，可以将图像中具有指定亮度的所有像素都删除，从而创建透明效果，而且图层质量设置不会影响其效果，其参数如图 8-23 所示。

图 8-23

键控类型：包括"抠出较亮的区域""抠出较暗的区域""抠出亮度相似的区域""抠出亮度不同的区域"等抠像类型。

阈值：用于设置抠像的亮度极限数值。

容差：用于指定接近抠像极限数值的像素范围，数值的大小可以直接影响抠像区域。

薄化边缘：用于设置抠像区域边缘的宽度。

羽化边缘：用于设置边缘的柔和程度。

9. 高级溢出抑制器

高级溢出抑制器（Advanced Spill Suppressor）可以去除键控处理后图像残留的键控色，并消除图像边缘溢出的键控色，这些溢出的键控色常常是背景反射造成的，其参数如图 8-24 所示。

图 8-24

8.1.4 【实战演练】——制作促销广告效果

使用"颜色差值键"命令修复图片效果，使用"缩放"属性和"位置"属性调整图片的大小及位置。最终效果参看云盘中的"Ch08 > 制作促销广告效果 > 制作促销广告效果.aep"，如图 8-25 所示。

图 8-25

8.2 制作农产品广告效果

8.2.1 【训练目标】

使用"缩放"属性制作缩放动画效果，使用"Keylight"命令修复图片效果。最终效果参看云盘中的"Ch08 > 制作农产品广告效果 > 制作农产品广告效果.aep"，如图 8-26 所示。

图 8-26

8.2.2 【案例操作】

步骤① 按 Ctrl+N 组合键，弹出"合成设置"对话框，在"合成名称"文本框中输入"最终效果"，其他选项的设置如图 8-27 所示，单击"确定"按钮，创建一个新的合成"最终效果"。

步骤❷ 选择"文件 ＞ 导入 ＞ 文件"命令，在弹出的"导入文件"对话框中选择云盘中的"Ch08 ＞ 制作农产品广告效果 ＞(Footage) ＞ 01.jpg、02.png"文件，单击"导入"按钮，将图片导入"项目"面板中，如图 8-28 所示。

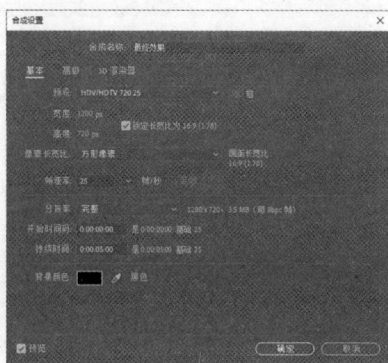

图 8-27

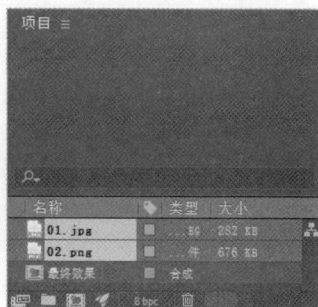

图 8-28

步骤❸ 在"项目"面板中选中"01.jpg""02.png"文件，并将它们拖曳到时间轴面板中，如图 8-29 所示。"合成"面板中的效果如图 8-30 所示。

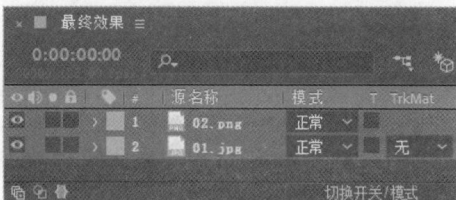

图 8-29

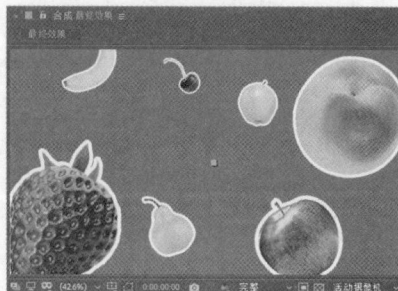

图 8-30

步骤❹ 选中"02.png"图层，选择"效果 ＞ Keylight ＞ Keylight(1.2)"命令，在"效果控件"面板中单击"Screen Colour"选项右侧的吸管工具，在"合成"面板中的绿色背景上单击以吸取颜色，其他参数设置如图 8-31 所示。"合成"面板中的效果如图 8-32 所示。

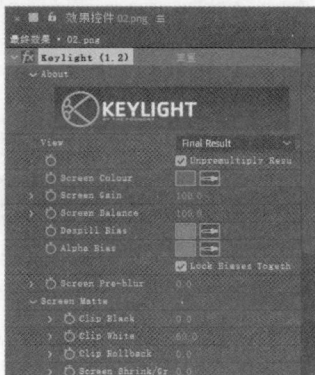

图 8-31

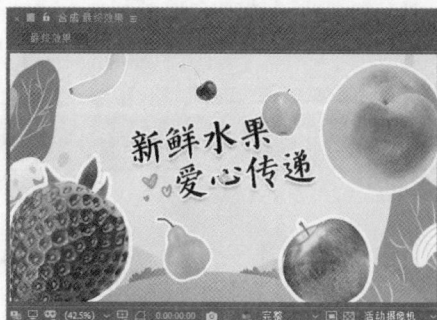

图 8-32

步骤❺ 选中"02.png"图层，按 P 键，展开"位置"属性，设置"位置"数值为 669.0,360.0；按住 Shift 键的同时，按 S 键，展开"缩放"属性，设置"缩放"数值为 0.0,0.0%，如图 8-33 所示。"合成"面板中的效果如图 8-34 所示。

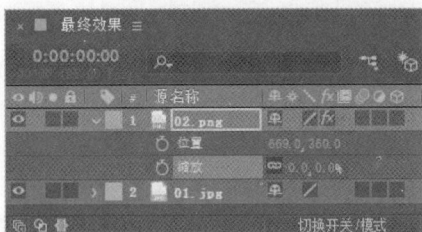

图 8-33

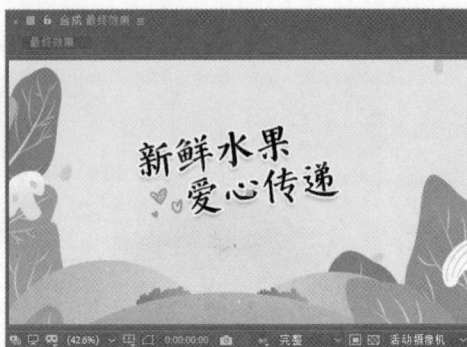

图 8-34

步骤❻ 将时间标签放置在 0:00:00:00 的位置，单击"缩放"选项左侧的"关键帧自动记录器"按钮，如图 8-35 所示，记录第 1 个关键帧。将时间标签放置在 0:00:00:10 的位置，设置"缩放"数值为 100.0,100.0%，如图 8-36 所示，记录第 2 个关键帧。

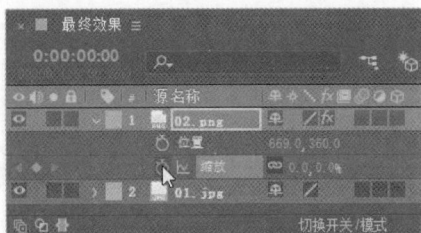

图 8-35

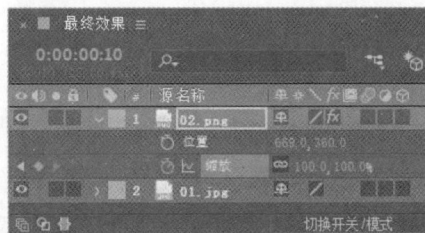

图 8-36

步骤❼ 将时间标签放置在 0:00:04:24 的位置，设置"缩放"数值为 110.0,110.0%，如图 8-37 所示，记录第 3 个关键帧。农产品广告效果制作完成，如图 8-38 所示。

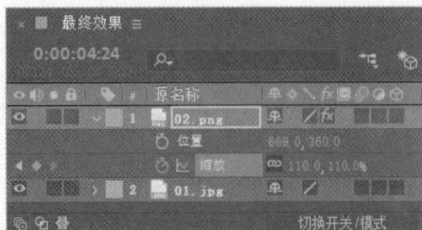

图 8-37

图 8-38

8.2.3 【相关知识】

根据设计制作任务的需要，可以将外挂抠像插件安装在计算机中，然后就可以使用功能强大的外挂抠像插件。例如，Keylight(1.2)插件是为专业的高端电影制作而开发的抠像软件，用于精细地去除影像中指定的颜色。

"抠像"一词的意思是吸取画面中的某一种颜色，将它从画面中删除，从而与背景分离出来。例如，在室内拍摄的人物图像经抠像后与各景物叠加在一起，形成了奇特的效果，如图 8-39 所示。

图 8-39

Keylight(1.2)是 After Effects CS4 新增的一个抠图插件，一直保留至今。通过设置不同的参数，可以对图像进行精细的抠像处理，如图 8-40 所示。

View（视图）：设置抠像时显示的视图。

Unpremultiply Result（非预乘结果）：勾选此复选框，不显示图像的 Alpha 通道，反之则显示图像的 Alpha 通道。

Screen Colour（屏幕颜色）：设置要抠除的颜色。也可以单击该选项右侧的吸管工具 ，在要抠除的颜色上单击。

Screen Gain（屏幕增益）：设置抠像后 Alpha 的暗部区域细节。

Screen Balance（屏幕平衡）：设置抠除颜色的平衡值。

Despill Bias（去除溢色偏移）：设置抠除区域的颜色恢复程度。

Alpha Bias（偏移）：设置抠除的 Alpha 通道的颜色恢复程度。

图 8-40

Lock Biases Together（锁定所有偏移）：勾选此复选框，可以在设置抠除时设定偏差值。

Screen Pre-blur（屏幕预模糊）：设置抠除部分边缘的模糊效果，比较适合有明显噪点的图像。

Screen Matte（屏幕蒙版）：设置抠除区域的属性。

Inside Mask（内部蒙版）：在抠像时为图像添加内侧蒙版属性。

Outside Mask（外部蒙版）：在抠像时为图像添加外侧蒙版属性。

Foreground Colour Correction（前景颜色校正）：设置蒙版的色彩属性。

Edge Colour Correction（边缘颜色校正）：设置抠除区域的边缘属性。

Source Crops（源裁剪）：设置裁剪图像的属性。

8.2.4 【实战演练】——制作运动鞋广告效果

使用"Keylight"命令修复图片效果，使用"缩放"属性和"不透明度"属性制作运动鞋缩放动画。最终效果参看云盘中的"Ch08 > 制作运动鞋广告效果 > 制作运动鞋广告效果.aep"，如图 8-41 所示。

图 8-41

8.3　综合案例——制作洗衣机广告效果

使用"颜色键"命令去除图片背景，使用"投影"命令为图片添加投影，使用"位置"属性改变图片位置。最终效果参看云盘中的"Ch08 > 制作洗衣机广告效果 > 制作洗衣机广告效果.aep"，如图 8-42 所示。

图 8-42

8.4　综合案例——制作数码家电广告效果

使用"颜色差值键"命令修复图片效果，使用"位置"属性设置图片的位置，使用"不透明度"属性制作图片动画效果。最终效果参看云盘中的"Ch08 > 制作数码家电广告效果 > 制作数码家电广告效果.aep"，如图 8-43 所示。

图 8-43

09

第9章
添加声音效果

本章对声音的导入和声音效果进行详细讲解，其中包括声音的导入与监听、声音长度的缩放、声音的淡入淡出、声音的倒放、低音和高音、声音的延迟、变调与合声等内容。通过对本章的学习，读者可以掌握 After Effects 中声音效果的制作方法。

课堂学习目标 ⚏

✔ 掌握导入声音的方法
✔ 学会设置声音时长的缩放和声音的淡入淡出
✔ 熟练掌握声音效果的参数设置

素养目标 ⚏

✔ 提高文化艺术鉴赏力

9.1　为《海鸥短片》添加背景音乐

9.1.1　【训练目标】

使用"导入"命令导入音乐与视频文件，使用"音频电平"属性制作背景音乐效果。最终效果参看云盘中的"Ch09 > 为《海鸥短片》添加背景音乐 > 为《海鸥短片》添加背景音乐.aep"，如图 9-1 所示。

为《海鸥短片》
添加背景音乐

图 9-1

9.1.2　【案例操作】

步骤① 按 Ctrl+N 组合键，弹出"合成设置"对话框，在"合成名称"文本框中输入"最终效果"，其他选项的设置如图 9-2 所示，单击"确定"按钮，创建一个新的合成"最终效果"。

步骤② 选择"文件 > 导入 > 文件"命令，弹出"导入文件"对话框，选择云盘中的"Ch09 > 为《海鸥短片》添加背景音乐 >(Footage) > 01.mp4、02.mp3"文件，单击"导入"按钮，导入视频和声音文件到"项目"面板中，如图 9-3 所示。

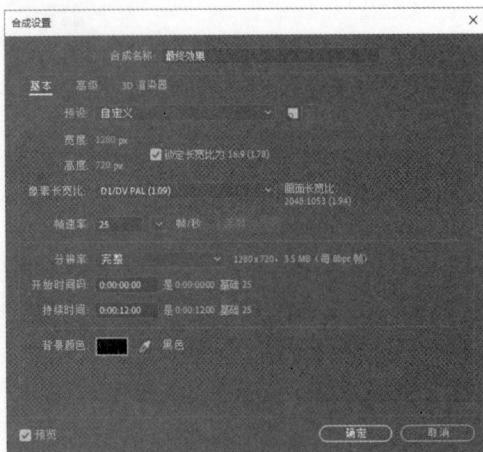

图 9-2

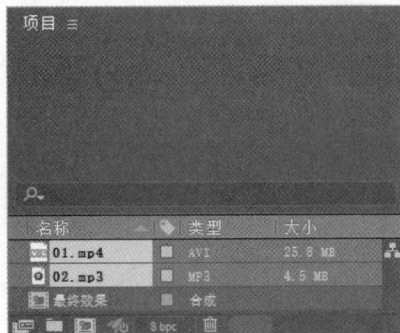

图 9-3

步骤③ 在"项目"面板中选中"01.mp4""02.mp3"文件，并将它们拖曳到时间轴面板中。图层的排列如图 9-4 所示。"合成"面板中的效果如图 9-5 所示。

图9-4

图9-5

步骤④ 将时间标签放置在 0:00:10:00 的位置，选中"02.mp3"图层，展开"音频"属性，如图 9-6 所示。在时间轴面板中单击"音频电平"选项左侧的"关键帧自动记录器"按钮，记录第 1 个关键帧，如图 9-7 所示。

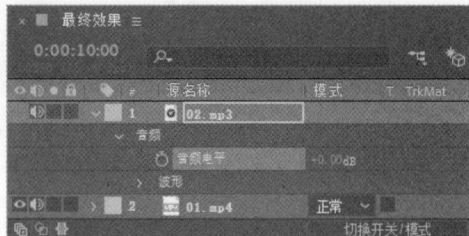

图9-6

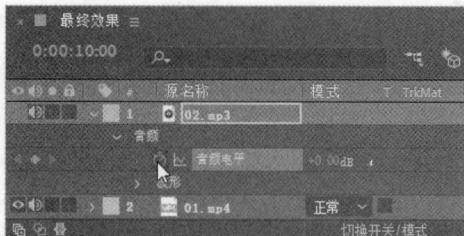

图9-7

步骤⑤ 将时间标签放置在 0:00:11:24 的位置，如图 9-8 所示。在时间轴面板中设置"音频电平"数值为-30.00，如图 9-9 所示，记录第 2 个关键帧。为《海鸥短片》添加背景音乐完成。

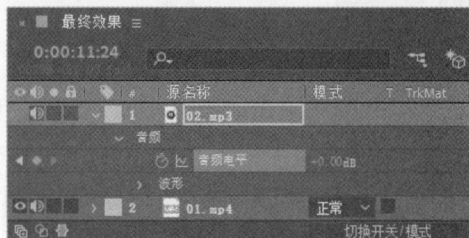

图9-8

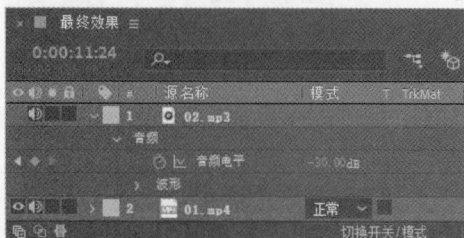

图9-9

9.1.3 【相关知识】

1. 声音的导入与监听

启动 After Effects，选择"文件 > 导入 >文件"命令，在弹出的"导入文件"对话框中选择云盘中的"基础素材\Ch09\01.mp4"文件，单击"导入"按钮，导入文件。在"项目"面板中选中该素材，观察到预览区域下方出现了声波图形，如图 9-10 所示。这说明该视频素材携带声道。从"项目"面板中将"01.mp4"文件拖曳到时间轴面板中。

选择"窗口 > 预览"命令，或按 Ctrl+3 组合键，在弹出的"预览"面板中，图标处于激活状态，如图 9-11 所示。在时间轴面板中的图标同样处于激活状态，如图 9-12 所示。

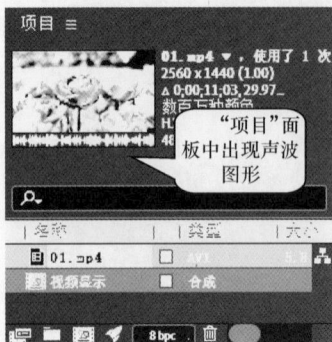
图 9-10

图 9-11

图 9-12

　　按 O 键即可监听视频的声音，在按住 Ctrl 键的同时拖动时间标签，可以实时监听当前时间位置的音频。

　　选择"窗口 > 音频"命令，或按 Ctrl+4 组合键，弹出"音频"面板，在该面板中拖曳滑块可以调整声音素材的总音量或分别调整左右声道的音量，如图 9-13 所示。

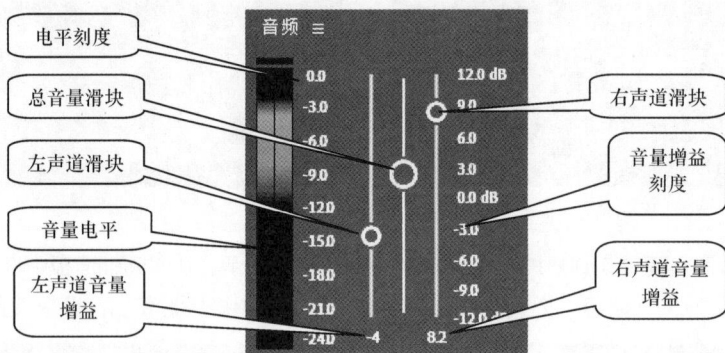
图 9-13

　　在时间轴面板中展开"波形"属性，其右侧会显示声音的波形，调整"音频电平"的参数可以调整音量的大小，如图 9-14 所示。

图 9-14

2. 声音时长的缩放

　　在时间轴面板底部单击 ▓ 按钮，将控制区域完全显示出来。在"持续时间"栏中可以设置声音的播放时长，在"伸缩"栏中可以设置播放时长与原始素材时长的百分比，如图 9-15 所示。例如，将

"伸缩"数值设置为 200.0% 后，声音的实际播放时长是原始素材时长的 2 倍。通过这两个参数缩短或延长声音的播放时长后，声音的播放速度也会发生变化。

图 9-15

3. 声音的淡入淡出

将时间标签拖曳到起始帧的位置，在"音频电平"左侧单击"关键帧自动记录器"按钮，添加关键帧，输入参数-100.00；拖曳时间标签到 0:00:00:20 的位置，输入参数 0.00。可以看到时间轴上增加了两个关键帧，如图 9-16 所示。此时按住 Ctrl 键并拖曳时间标签，可以听到声音由小变大的淡入效果。

图 9-16

拖曳时间标签到 0:00:04:27 的位置，单击时间轴面板中"音频电平"选项左侧的"在当前时间添加或移除关键帧"按钮；拖曳时间标签到结束帧，设置"音频电平"参数为-100.00。时间轴面板如图 9-17 所示。按住 Ctrl 键并拖曳时间标签，可以听到声音的淡出效果。

图 9-17

9.1.4 【实战演练】——为《旅行》影片添加背景音乐

使用"导入"命令导入视频与音乐文件，使用"缩放"属性调整视频的大小，使用"音频电平"属性制作背景音乐效果。最终效果参看云盘中的"Ch09 > 为《旅行》影片添加背景音乐 > 为《旅行》影片添加背景音乐.aep"，如图 9-18 所示。

图 9-18

9.2　为《城市短片》添加背景音乐

9.2.1　【训练目标】

使用"导入"命令导入视频和音乐文件，使用"低音和高音"命令和"变调与合声"命令编辑音乐文件。最终效果参看云盘中的"Ch09 > 为《城市短片》添加背景音乐 > 为《城市短片》添加背景音乐.aep"，如图 9-19 所示。

图 9-19

9.2.2　【案例操作】

步骤❶ 按 Ctrl+N 组合键，弹出"合成设置"对话框，在"合成名称"文本框中输入"最终效果"，其他选项的设置如图 9-20 所示，单击"确定"按钮，创建一个新的合成"最终效果"。

步骤❷ 选择"文件 > 导入 > 文件"命令，在弹出的"导入文件"对话框中选择云盘中的"Ch09 > 为《城市短片》添加背景音乐 >（Footage）> 01.mp4、02.mp3"文件，单击"导入"按钮，导入文件到"项目"面板中，如图 9-21 所示。

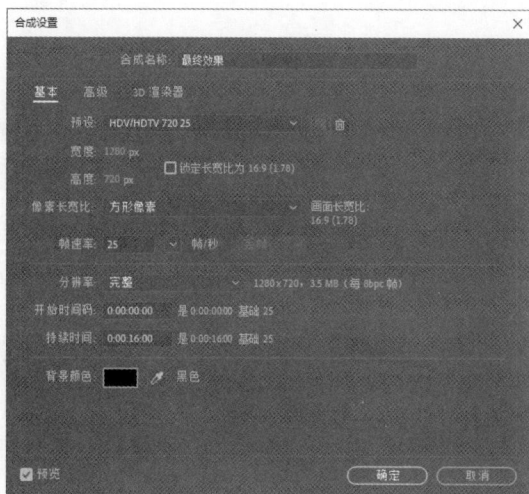

图 9-20

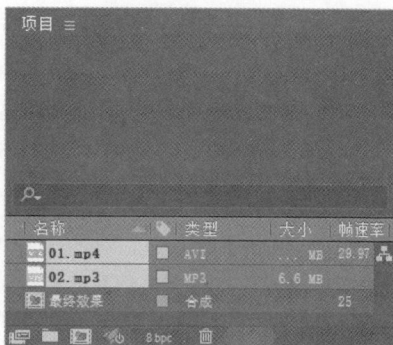

图 9-21

步骤③ 在"项目"面板中选中"01.mp4"文件，并将其拖曳到时间轴面板中，按 S 键，展开"缩放"属性，设置"缩放"数值为 67.0,67.0%，如图 9-22 所示。"合成"面板中的效果如图 9-23 所示。

图 9-22

图 9-23

步骤④ 在"项目"面板中选中"02.mp3"文件，并将其拖曳到时间轴面板中，如图 9-24 所示。选择"效果 > 音频 > 低音和高音"命令，在"效果控件"面板中进行参数设置，如图 9-25 所示。

步骤⑤ 选择"效果 > 音频 > 变调与合声"命令，在"效果控件"面板中进行参数设置，如图 9-26 所示。背景音乐效果制作完成。

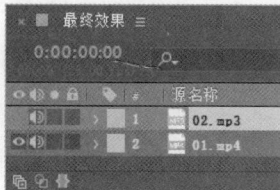

图 9-24

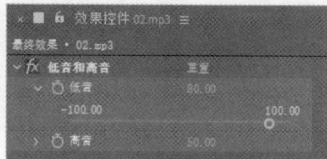

图 9-25

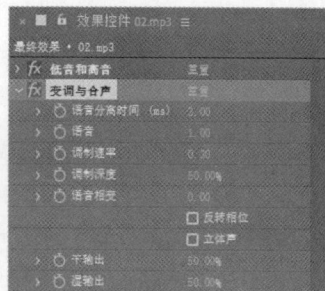

图 9-26

9.2.3 【相关知识】

1. 倒放

选择"效果 > 音频 > 倒放"命令，即可将"倒放"效果添加到"效果控件"面板中。该效果可以倒放音频素材，即从最后一帧向第一帧播放。勾选"互换声道"复选框可以交换左、右声道中的音频，如图 9-27 所示。

图 9-27

2. 低音和高音

选择"效果 > 音频 > 低音和高音"命令，即可将"低音和高音"效果添加到"效果控件"面板中。调整"低音"或"高音"的值可以提高或降低音频中低音和高音的音量，如图 9-28 所示。

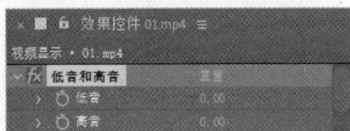

图 9-28

3. 延迟

选择"效果 > 音频 > 延迟"命令，即可将"延迟"效果添加到"效果控件"面板中。它通过对声音素材进行多层延迟来模仿回声效果，可用于制作墙壁的回声或山谷中的回音。"延迟时间（毫秒）"用于设定原始声音与其回音的时间间隔，单位为毫秒（ms）。"延迟量"用于设置延迟音频的音量。"反馈"用于设置由回音产生的后续声音的音量。"干输出"用于设置声音素材的电平。"湿输出"用于设置最终输出声波的电平，如图 9-29 所示。

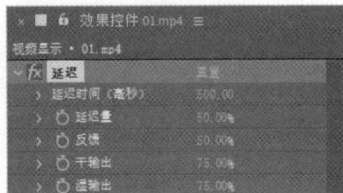

图 9-29

4. 变调与合声

选择"效果 > 音频 > 变调与合声"命令，即可将"变调与合声"效果添加到"效果控件"面板中。变调的原理是将声音素材的副本稍作延迟后与原声音混合，从而使某些频率的声波产生叠加或相减效果，这在声音物理学中被称作"梳状滤波"。它会产生一种"干瘪"的声音效果，该效果在电吉他独奏中经常应用。混入多个延迟的声音副本后，会产生乐器的"合声"效果。

"变调与合声"效果的参数如图 9-30 所示。"语音分离时间（ms）"用于设置分离各语音的时间，以毫秒（ms）为单位。"语音"用于设置声音副本的混合深度。"调制速率"用于设置声音副本相位的变化程度。"干输出"/"湿输出"分别用于设置最终输出中的原始（干）声音量和延迟（湿）声音量。

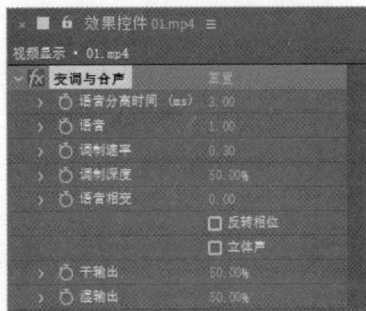

图 9-30

5. 高通/低通

选择"效果 > 音频 > 高通/低通"命令，即可将"高通/低通"效果添加到"效果控件"面板中。该声音效果只允许设定的频率通过，通常用于滤去低频率或高频率的噪声，如电流声等。在"滤镜选项"下拉列表中可以选择"高通"或"低通"选项。"屏蔽频率"用于设置滤波器的分界频率，使用"高通"方式滤波时，低于该频率的声音被滤除；使用"低通"方式滤波时，高于该频率的声音被滤除。"干输出"/"湿输出"分别用于设置最终输出中的原始（干）声音量和延迟（湿）声音量，如图 9-31 所示。

图 9-31

6. 调制器

选择"效果 > 音频 > 调制器"命令，即可将"调制器"效果添加到"效果控件"面板中。该声音效果可以使声音素材产生颤音效果。该效果的参数如图9-32所示。"调制类型"用于选择颤音的波形，"调制速率"以赫兹（Hz）为单位设置颤音调制的频率。"调制深度"以调制频率的百来表示，用于设置颤音频率的变化范围。"振幅变调"用于设置颤音的强弱。

图 9-32

9.2.4 【实战演练】——为《海棠花》宣传片添加背景音乐

使用"低音和高音"命令制作声音效果，使用"高通/低通"命令调整高、低音效果。最终效果参看云盘中的"Ch09 > 为《海棠花》宣传片添加背景音乐 > 为《海棠花》宣传片添加背景音乐.aep"，如图9-33所示。

图 9-33

9.3 综合案例——为《麦田》影片添加声音效果

使用"导入"命令导入视频与音乐文件，使用"音频电平"属性编辑音乐并添加关键帧。最终效果参看云盘中的"Ch09 > 为《麦田》影片添加声音效果 > 为《麦田》影片添加声音效果.aep"，如图9-34所示。

图 9-34

9.4 综合案例——为《刺绣》短片添加背景音乐

使用"导入"命令导入音乐与视频文件，使用"高通/低通"命令、"混响"命令制作背景音乐效果。最终效果参看云盘中的"Ch09 > 为《刺绣》短片添加背景音乐 > 为《刺绣》短片添加背景音乐.aep"，如图 9-35 所示。

图 9-35

10

第 10 章
制作三维合成效果

After Effects 不仅可以在二维空间中创建合成效果，在三维立体空间中的合成与动画制作功能也越来越强大。随着版本的升级，用户可以在深度的三维空间中创建丰富的图层运动样式、逼真的灯光、投射阴影、材质效果和摄像机运动效果。通过对本章的学习，读者可以掌握制作三维合成效果的方法和技巧。

课堂学习目标 ⊞⊞

- ✓ 掌握将素材转换为三维图层的方法
- ✓ 掌握三维图层的属性操作
- ✓ 熟练掌握摄像机的添加方法

素养目标 ⊞⊞

- ✓ 提高艺术和技术的融合能力

10.1　制作特卖广告效果

10.1.1　【训练目标】

使用"导入"命令导入图片，使用三维属性制作三维效果，使用"位置"属性制作人物出场动画，使用"Y 轴旋转"属性和"缩放"属性制作标牌出场动画。最终效果参看云盘中的"Ch10 > 制作特卖广告效果 > 制作特卖广告效果.aep"，如图 10-1 所示。

图 10-1

10.1.2　【案例操作】

步骤①　按 Ctrl+N 组合键，弹出"合成设置"对话框，在"合成名称"文本框中输入"最终效果"，其他选项的设置如图 10-2 所示，单击"确定"按钮，创建一个新的合成"最终效果"。

步骤②　选择"图层 > 新建 > 纯色"命令，弹出"纯色设置"对话框，在"名称"文本框中输入"底图"，设置"颜色"为淡黄色（255、237、46），其他选项的设置如图 10-3 所示。单击"确定"按钮，创建一个新的纯色图层"底图"，如图 10-4 所示。

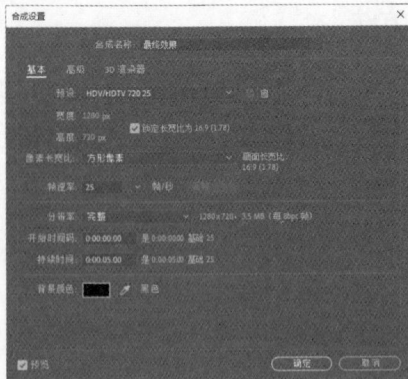
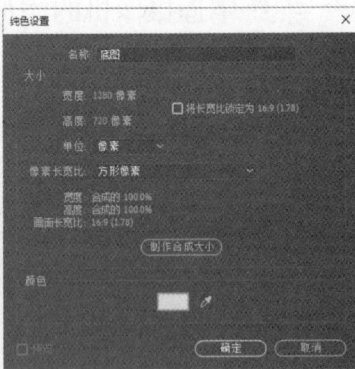

图 10-2　　　　　　　　　　　　图 10-3　　　　　　　　　　图 10-4

步骤③　选择"文件 > 导入 > 文件"命令，弹出"导入文件"对话框，选择云盘中的"Ch10 > 制作特卖广告效果 >（Footage）> 01.png、02.png"文件，单击"导入"按钮，将文件导入"项目"面板。

步骤④　在"项目"面板中选中"01.png"文件，并将其拖曳到时间轴面板中，如图 10-5 所示。按 P 键，展开"位置"属性，设置"位置"数值为−289.0、458.5，如图 10-6 所示。

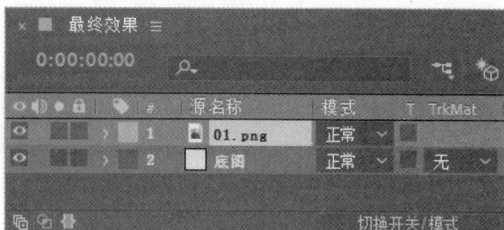

图 10-5

图 10-6

步骤⑤ 保持时间标签在 0:00:00:00 的位置，单击"位置"选项左侧的"关键帧自动记录器"按钮⏱，如图 10-7 所示，记录第 1 个关键帧。将时间标签放置在 0:00:01:00 的位置，设置"位置"数值为 285.0,458.5，如图 10-8 所示，记录第 2 个关键帧。

图 10-7

图 10-8

步骤⑥ 在"项目"面板中选中"02.png"文件，并将其拖曳到时间轴面板中，按 P 键，展开"位置"属性，设置"位置"数值为 957.0,363.0，如图 10-9 所示。"合成"面板中的效果如图 10-10 所示。

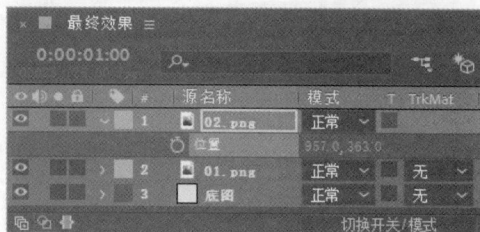

图 10-9

图 10-10

步骤⑦ 单击"02.png"图层右侧的"3D 图层"按钮⬛，展开图层的三维属性，如图 10-11 所示。保持时间标签在 0:00:01:00 的位置，单击"Y 轴旋转"选项左侧的"关键帧自动记录器"按钮⏱，如图 10-12 所示，记录第 1 个关键帧。将时间标签放置在 0:00:02:00 的位置，设置"Y 轴旋转"数值为 2x+0.0°，如图 10-13 所示，记录第 2 个关键帧。

步骤⑧ 将时间标签放置在 0:00:00:00 的位置，选中"02.png"图层，按 S 键，展开"缩放"属性，设置"缩放"数值为 0.0,0.0,0.0%，单击"缩放"选项左侧的"关键帧自动

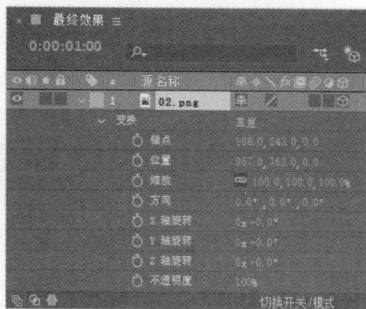

图 10-11

记录器"按钮 ，如图 10-14 所示，记录第 1 个关键帧。将时间标签放置在 0:00:01:00 的位置，设置"缩放"数值为 100.0, 100.0, 100.0%，如图 10-15 所示，记录第 2 个关键帧。

图 10-12

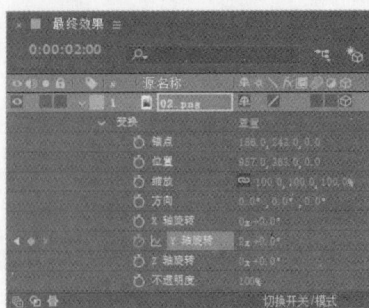

图 10-13

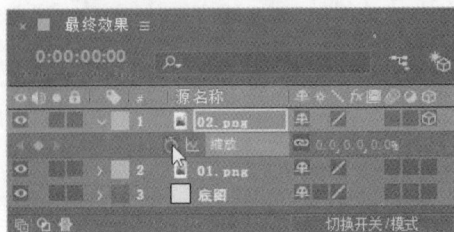

图 10-14

图 10-15

步骤⑨ 将时间标签放置在 0:00:02:00 的位置，在时间轴面板中单击"缩放"选项左侧的"在当前时间添加或移除关键帧"按钮 ，如图 10-16 所示，记录第 3 个关键帧。将时间标签放置在 0:00:04:24 的位置，设置"缩放"数值为 110.0, 110.0, 110.0%，如图 10-17 所示，记录第 4 个关键帧。

图 10-16

图 10-17

步骤⑩ 特卖广告效果制作完成，如图 10-18 所示。

图 10-18

10.1.3 【相关知识】

1. 三维合成

After Effects 2020 可以显示三维图层。将图层指定为三维图层时，After Effects 2020 会添加一个 z 轴来控制该图层的深度。当 z 值增加时，该图层在空间中会移动到更远处；当 z 值减小时，该图层在空间中则会更近。

2. 转换成三维图层

除声音以外，所有素材图层都可以转换为三维图层。将一个普通的二维图层转换为三维图层也非常简单，只需要在时间轴面板中单击"3D 图层"按钮 即可，展开其属性就会发现变换属性中无论是"锚点"属性、"位置"属性、"缩放"属性、"方向"属性，还是"旋转"属性，都出现了 z 轴向的参数信息，另外还增加了一个 "材质选项"属性，如图 10-19 所示。

调节"Y 轴旋转"为 0x+45.0° 。"合成"面板中的效果如图 10-20 所示。

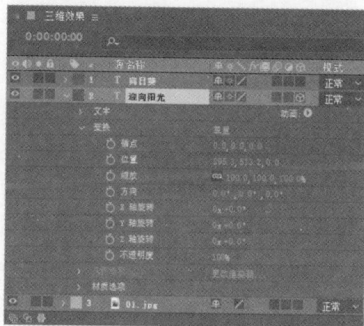

图 10-19

图 10-20

如果要将三维图层转换为二维图层，只需要在时间轴面板中再次单击"3D 图层"按钮 ，关闭三维属性即可，三维图层中的 z 轴信息和"材质选项"信息将丢失。

> **提示**
>
> 虽然很多效果都可以模拟三维空间效果（如"效果 > 扭曲 > 凸出"），不过这些效果都是二维的，也就是说，即使这些效果作用于当前三维图层，但是它们仍然只是模拟三维效果而不会对三维图层产生任何影响。

3. 变换三维图层的位置

三维图层的"位置"属性由 x、y、z 这 3 个维度的参数控制，如图 10-21 所示。

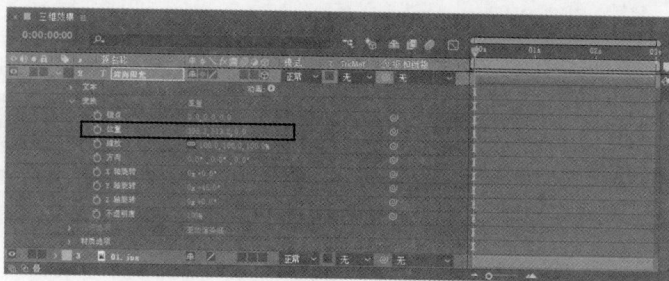

图 10-21

步骤① 打开 After Effects，选择"文件 > 打开项目"命令，选择云盘中的"基础素材 > Ch10 > 三维图层.aep"文件，单击"打开"按钮，打开此文件。

步骤② 在时间轴面板中选择某个三维图层、摄像机图层或者灯光图层，被选中的图层的坐标轴将会显示出来，其中红色代表 x 轴向，绿色代表 y 轴向，蓝色代表 z 轴向。

步骤③ 在工具栏中选择选取工具 ，在"合成"面板中，将鼠标指针移动到各个轴向上，观察鼠标指针的变化。当鼠标指针变成 $_x$ 形状时，代表移动锁定在 x 轴向上；当鼠标指针变成 $_y$ 形状时，代表移动锁定在 y 轴向上；当鼠标指针变成 $_z$ 形状时，代表移动锁定在 z 轴向上。

> 提示
>
> 如果鼠标指针没有显示任何坐标轴信息，则可以在空间中全方位地移动三维对象。

4. 旋转三维图层

（1）使用"方向"属性旋转

步骤① 选择"文件 > 打开项目"命令，选择云盘中的"Ch10 > 基础素材 > 三维图层.aep"文件，单击"打开"按钮，打开此文件。

步骤② 在时间轴面板中选择某三维图层、摄像机图层或者灯光图层。

步骤③ 在工具栏中选择旋转工具 ，在坐标系选项右侧的下拉列表中选择"方向"选项，如图 10-22 所示。

图 10-22

步骤④ 在"合成"面板中将鼠标指针置在某个坐标轴上，当鼠标指针变成 $_x$ 时，可进行 x 轴向的旋转；当鼠标指针变成 $_y$ 时，可进行 y 轴向的旋转；当鼠标指针变成 $_z$ 时，可进行 z 轴向的旋转；若没有出现任何信息，可以全方位旋转三维对象。

步骤⑤ 在时间轴面板中展开当前三维图层的变换属性，观察 3 组"方向"属性值的变化，如图 10-23 所示。

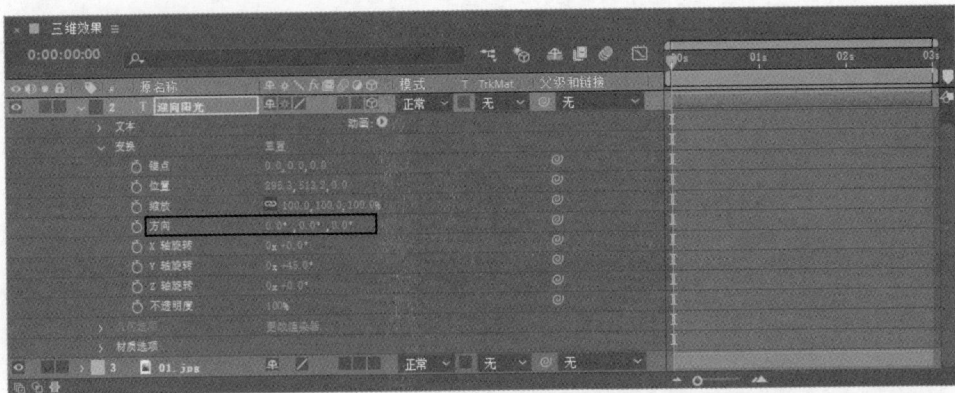

图 10-23

（2）使用"旋转"属性旋转

步骤① 使用上面的素材文件，选择"编辑 > 撤消"命令，将其还原到之前的存储状态。

步骤② 在工具栏中选择旋转工具，在坐标系选项右侧的下拉列表中选择"旋转"选项，如图 10-24 所示。

图 10-24

步骤③ 在"合成"面板中将鼠标指针放置在某坐标轴上，当鼠标指针变成 $\blacktriangleright_x$ 时，可进行 x 轴向的旋转；当鼠标指针变成 $\blacktriangleright_y$ 时，可进行 y 轴向的旋转；当鼠标指针变成 $\blacktriangleright_z$ 时，可进行 z 轴向的旋转；若没有出现任何信息，可以全方位旋转三维对象。

步骤④ 在时间轴面板中展开当前三维图层的变换属性，观察 3 组旋转属性值的变化，如图 10-25 所示。

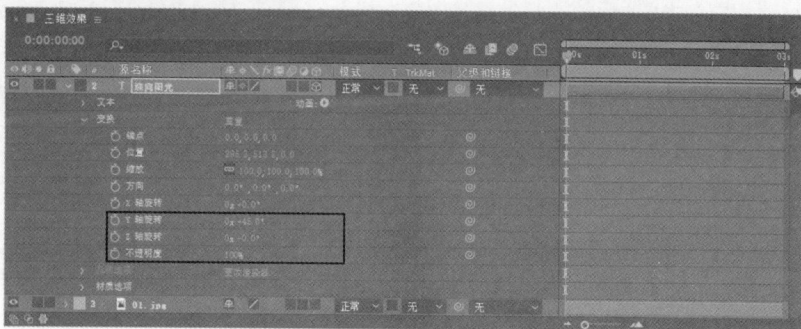

图 10-25

5. 三维视图

虽然感知三维空间并不需要通过专门的训练，是人都具备的本能感应，但是在制作过程中，往往会由于各种原因（如场景过于复杂等）产生视觉错觉，无法仅通过观察透视图正确判断当前三维对象的具体空间状态，因此往往需要借助更多的视图（如正面、左侧、顶部、活动摄像机等）作为参照，从而得到准确的空间位置信息。正面、左侧、顶部、活动摄像机视图的显示效果分别如图 10-26～图 10-29 所示。

图 10-26

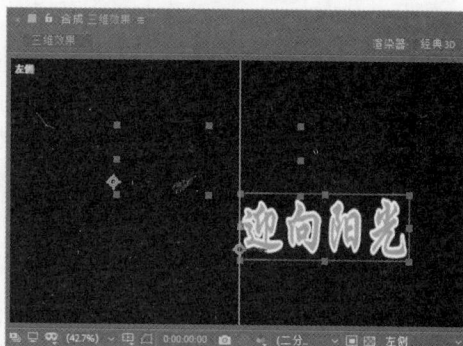

图 10-27

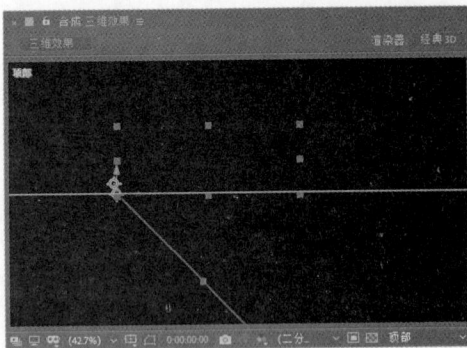

图 10-28

图 10-29

　　可以在"合成"面板的 活动摄像机 （3D 视图）下拉列表中选择视图模式，视图模式大致分为 3 类：正交视图、摄像机视图和自定义视图。

　　（1）正交视图

　　正交视图包括正面、左侧、顶部、背面、右侧和底部，其实就是以垂直正交的方式观看空间中的 6 个面。在正交视图中，长度和距离以原始数据的方式呈现，从而忽略了透视导致的视图大小变化，这也意味着在正交视图中观看立体物体时没有透视感，如图 10-30 所示。

图 10-30

　　（2）摄像机视图

　　摄像机视图是从摄像机的角度，通过镜头去观看空间。与正交视图不同的是，摄像机视图描绘出的空间和物体是带有透视变化的视觉空间，非常真实地再现了近大远小、近长远短的透视关系。在摄像机视图中可设置镜头的特殊属性，如图 10-31 所示。

　　（3）自定义视图

　　自定义视图是从默认的角度观看当前空间，可以通过工具栏中的摄像机视图工具调整角度。同摄像机视图一样，自定义视图同样遵循透视的规律来呈现当前空间，不过自定义视图并不要求合成项目中必须有摄像机，也不能通过镜头观看空间。可以把自定义视图理解为 3 个可自定义的标准透视视图。

　　 活动摄像机 （3D 视图）下拉列表中的选项如图 10-32 所示。

图 10-31

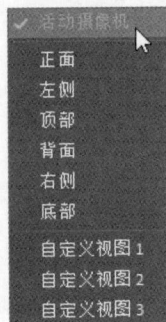

图 10-32

活动摄像机：当前激活的摄像机视图，也就是当前时间位置打开的摄像机图层的视图。

正面：正视图，从正前方观看合成空间，不带透视效果。

左侧：左视图，从左侧观看合成空间，不带透视效果。

顶部：顶视图，从正上方观看合成空间，不带透视效果。

背面：背视图，从后方观看合成空间，不带透视效果。

右侧：右视图，从右侧观看合成空间，不带透视效果。

底部：底视图，从底部观看合成空间，不带透视效果。

自定义视图 1～3：3 个自定义视图，从 3 个默认的角度观看合成空间，含有透视效果，可以通过工具栏中的摄像机视图工具调整角度。

6. 以多视图方式观看三维空间

在进行三维创作时，虽然可以通过 3D 视图下拉列表方便地切换视图，但是仍然不利于进行各个视图的参照对比，而且频繁地切换视图会导致创作效率低下。庆幸的是，After Effects 提供了多视图方式，使用户可以同时从多角度观看三维空间，在"合成"面板的"选定视图方案"下拉列表中可选择多视图方式。

1 个视图：仅显示一个视图，如图 10-33 所示。

2 个视图-水平：同时显示两个视图，视图左右排列，如图 10-34 所示。

图 10-33

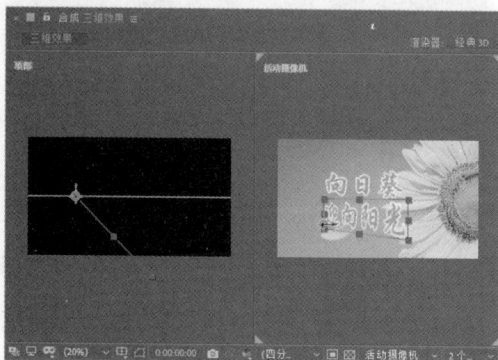
图 10-34

2 个视图-纵向：同时显示两个视图，视图上下排列，如图 10-35 所示。

4 个视图：同时显示 4 个视图，如图 10-36 所示。

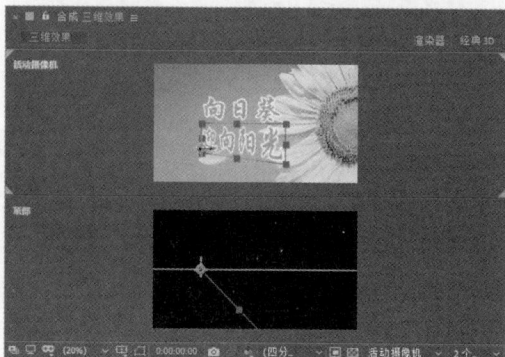
图 10-35

图 10-36

4 个视图-左侧：同时显示 4 个视图，其中主视图在右边，如图 10-37 所示。

4 个视图-右侧：同时显示 4 个视图，其中主视图在左边，如图 10-38 所示。

4 个视图-顶部：同时显示 4 个视图，其中主视图在下边，如图 10-39 所示。

4 个视图-底部：同时显示 4 个视图，其中主视图在上边，如图 10-40 所示。

图 10-37

图 10-38

图 10-39

图 10-40

激活各个分视图后，可以在 3D 视图下拉列表中切换具体观看角度，或者设置视图显示方式等。

另外，勾选"共享视图选项"复选框，可以让多视图共享同样的视图设置，如"安全框显示""网格显示""通道显示"等。

> **提示**　上下滚动鼠标滚轮，可以在不激活视图的情况下，对当前鼠标指针所在的视图进行缩放操作。

7. 坐标系

在控制三维对象的时候，会依据某种坐标系进行轴向定位，After Effects 提供了 3 种坐标系：本地坐标系、世界坐标系和视图坐标系。坐标系的切换是通过单击工具栏里的 ⚒、⚒ 和 ⚒ 按钮实现的。

（1）本地坐标系 ⚒

此坐标系采用被选择物体本身的坐标轴作为变换的依据，当物体的方位与世界坐标系不同时可以使用此坐标系，如图 10-41 所示。

（2）世界坐标系 ⚒

世界坐标系使用合成空间中的绝对坐标系作为定位基准，坐标轴不会随着物体的旋转而改变。无论在哪一个视图中，x 轴始终往水平方向延伸，y 轴始终往垂直方向延伸，z 轴始终往纵深方向延伸，如图 10-42 所示。

（3）视图坐标系

视图坐标系同当前所处的视图有关，也可以称为屏幕坐标系。在正交视图和自定义视图中，x 轴和 y 轴始终平行于视图，z 轴始终垂直于视图；在摄像机视图中，x 轴和 y 轴始终平行于视图，但 z 轴有一定的变动，如图 10-43 所示。

图 10-41

图 10-42

图 10-43

8. 三维图层的材质属性

将普通的二维图层转换为三维图层时，会增加一个全新的属性"材质选项"，设置此属性可调整三维图层响应光照系统的方式，如图 10-44 所示。

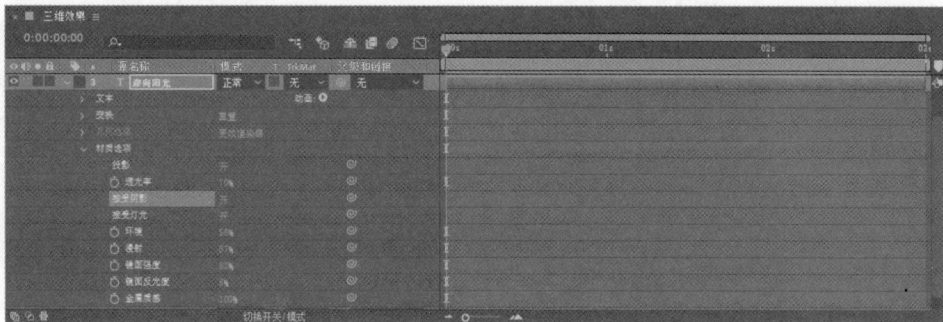
图 10-44

选中某个三维图层，连续按两次 A 键，展开"材质选项"属性。

投影：设置是否投射阴影，其中包括"开""关""仅"3 种模式，3 种模式的效果分别如图 10-45～图 10-47 所示。

图 10-45

图 10-46

图 10-47

透光率：设置透光程度，可以模拟半透明物体在灯光下的照射效果，透光率为 0% 和 70% 的效果分别如图 10-48 和图 10-49 所示。

图 10-48   图 10-49

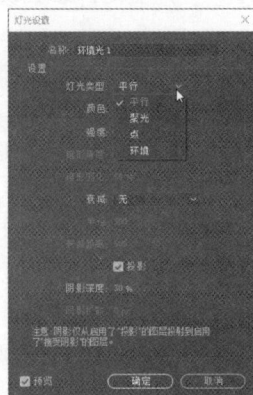

接受阴影：设置是否接受阴影，此属性不能制作关键帧动画。

接受灯光：设置是否接受光照，此属性不能制作关键帧动画。

环境：调整三维图层受灯光影响的程度。灯光设置如图 10-50 所示。

漫射：调整图层漫反射程度。如果设置为 100%，将反射大量的光；如果为 0%，则不反射光。

镜面强度：调整图层镜面反射的程度。

镜面反光度：设置"镜面强度"作用的区域，值越小，"镜面强度"作用的区域就越小。在"镜面强度"值为 0 的情况下，此设置将不起作用。

金属质感：调节由"镜面强度"反射的光的颜色。值越接近 100%，光的颜色越接近图层的颜色；值越接近 0%，光的颜色越接近灯光的颜色。

图 10-50

10.1.4 【实战演练】——制作运动文字效果

使用"导入"命令导入素材，使用"位置""缩放""定位点""不透明度"属性制作动画效果。最终效果参看云盘中的"Ch10 > 制作运动文字效果 > 制作运动文字效果.aep"，如图 10-51 所示。

图 10-51

制作运动文字效果

10.2 制作文字效果

10.2.1 【训练目标】

使用直排文字工具和横排文字工具输入文字，使用"缩放"属性调整视频画面的大小，使用"色相/饱和度"命令和"曲线"命令调整视频的色调和亮度，使用"摄像机"命令添加摄像机图层并制

作关键帧动画。最终效果参看云盘中的"Ch10 > 制作文字效果 > 制作文字效果.aep",如图 10-52
所示。

图 10-52

10.2.2 【案例操作】

步骤❶ 按 Ctrl+N 组合键,弹出"合成设置"对话框,在"合成名称"文本框中输入"最终效果",
其他选项的设置如图 10-53 所示,单击"确定"按钮,创建一个新的合成"最终效果"。

步骤❷ 选择"文件 > 导入 > 文件"命令,弹出"导入文件"对话框,选择云盘中的"Ch10 > 制
作文字效果 >(Footage) > 01.jpg、02.mp4"文件,单击"导入"按钮,将文件导入"项目"面板。
在"项目"面板中选中"02.mp4"文件,并将其拖曳到时间轴面板中,如图 10-54 所示。

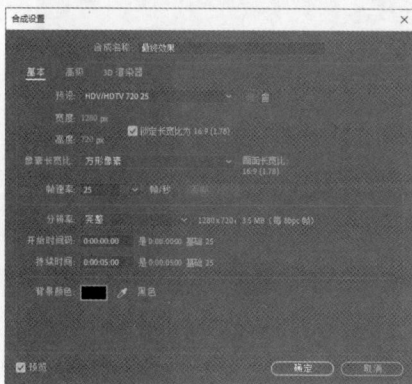

图 10-53

图 10-54

步骤❸ 选中"02.mp4"图层,按 S 键,展开"缩放"属性,设置"缩放"数值为 67.0,67.0%,如
图 10-55 所示。"合成"面板中的效果如图 10-56 所示。

图 10-55

图 10-56

步骤❹ 选择"效果 > 颜色校正 > 色相/饱和度"命令，在"效果控件"面板中进行设置，如图 10-57 所示。"合成"面板中的效果如图 10-58 所示。

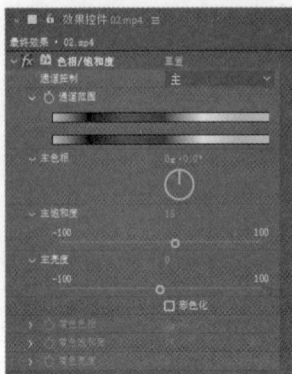

图 10-57

图 10-58

步骤❺ 选择"效果 > 颜色校正 > 曲线"命令，在"效果控件"面板中进行设置，如图 10-59 所示。"合成"面板中的效果如图 10-60 所示。

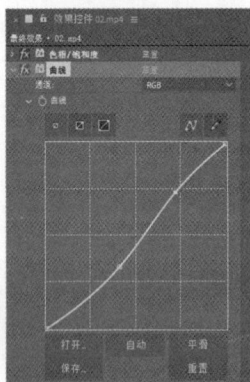

图 10-59

图 10-60

步骤❻ 选择直排文字工具，在"合成"面板中输入文字"峰 旅"。选中文字，在"字符"面板中设置参数，如图 10-61 所示，"合成"面板中的效果如图 10-62 所示。

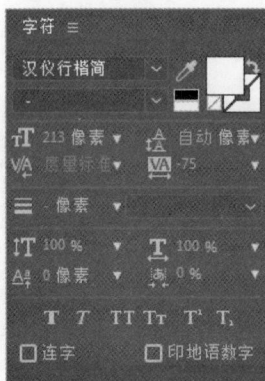

图 10-61

图 10-62

步骤 ⑦ 单击"峰 旅"图层右侧的"3D 图层"按钮🔲，展开三维属性，如图 10-63 所示。"合成"
面板中的效果如图 10-64 所示。

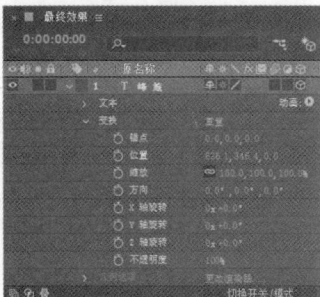

图 10-63

图 10-64

步骤 ⑧ 选择"图层 > 新建 > 空对象"命令，在时间轴面板中创建"空 1"图层，如图 10-65 所
示。单击"空 1"图层右侧的"3D 图层"按钮🔲，展开三维属性，如图 10-66 所示。

图 10-65

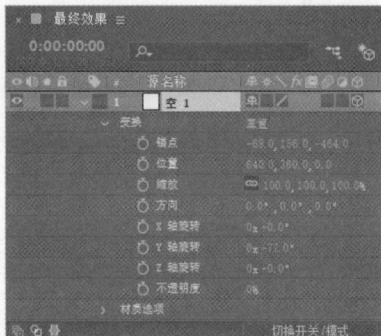

图 10-66

步骤 ⑨ 保持时间标签在 0：00：00：00 的位置，分别单击"锚点"选项和"Y 轴旋转"选项左侧的"关
键帧自动记录器"按钮🔲，如图 10-67 所示，记录第 1 个关键帧。将时间标签放置在 0：00：01：00 的
位置，设置"锚点"数值为 0.0，–13.0，168.0，"Y 轴旋转"数值为 0x–6.0°，如图 10-68 所示，记
录第 2 个关键帧。

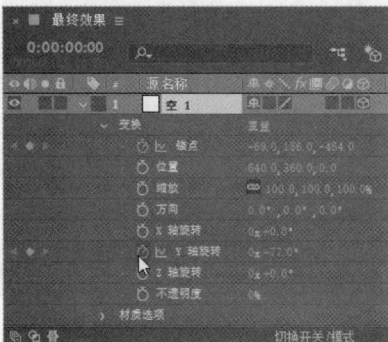

图 10-67

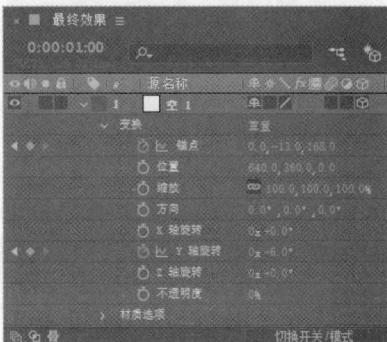

图 10-68

步骤 ⑩ 将时间标签放置在 0：00：00：00 的位置，选择"图层 > 新建 > 摄像机"命令，弹出"摄像
机设置"对话框，在"名称"文本框中输入"摄像机 1"，其他选项的设置如图 10-69 所示。单击"确

定"按钮，时间轴面板中新增一个摄像机图层，如图 10-70 所示。

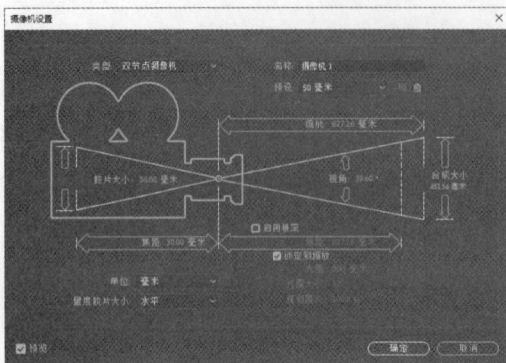

图 10-69

图 10-70

步骤⑪ 设置"摄像机 1"图层的"父级和链接"为"2.空 1"，如图 10-71 所示。展开"摄像机 1"图层的"变换"属性，如图 10-72 所示。

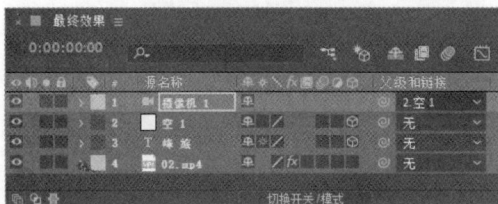

图 10-71

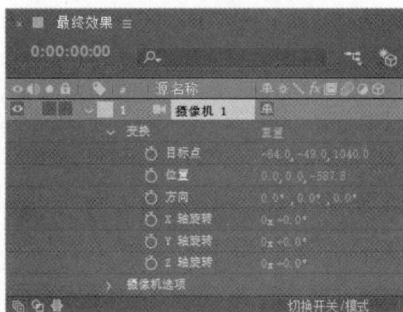

图 10-72

步骤⑫ 分别单击"目标点"选项和"位置"选项左侧的"关键帧自动记录器"按钮，如图 10-73 所示，记录第 1 个关键帧。将时间标签放置在 0:00:01:00 的位置，设置"目标点"数值为 41.0,-17.0,1970.0，"位置"数值为 0.0,0.0,-1468.8，如图 10-74 所示，记录第 2 个关键帧。

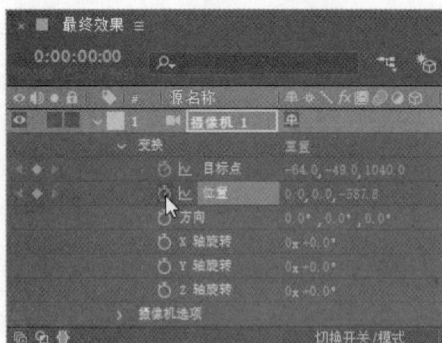

图 10-73

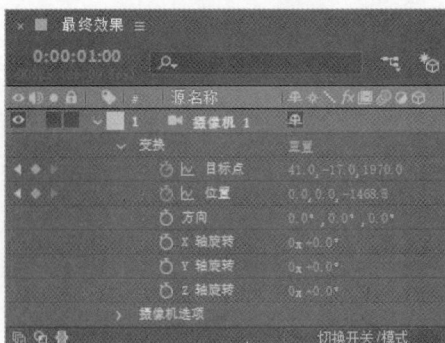

图 10-74

步骤⑬ 在"项目"面板中选中"01.jpg"文件，并将其拖曳到时间轴面板中。按 P 键，展开"位置"属性，设置"位置"数值为 744.1,523.4，如图 10-75 所示。"合成"面板中的效果如图 10-76 所示。

图 10-75

图 10-76

步骤 ⑭ 保持时间标签在 0:00:01:00 的位置，按 Alt+[组合键设置动画的入点，如图 10-77 所示。

图 10-77

步骤 ⑮ 按 S 键，展开"缩放"属性，设置"缩放"数值为 0.0,0.0%，单击"缩放"选项左侧的"关键帧自动记录器"按钮，如图 10-78 所示，记录第 1 个关键帧。将时间标签放置在 0:00:01:06 的位置，设置"缩放"数值为 100.0,100.0%，如图 10-79 所示，记录第 2 个关键帧。

图 10-78

图 10-79

步骤 ⑯ 选择横排文字工具，在"合成"面板中输入文字"丹霞奇险灵秀美如画"。选中文字，在"字符"面板中设置参数，如图 10-80 所示。"合成"面板中的效果如图 10-81 所示。

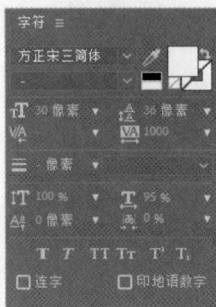

图 10-80

图 10-81

步骤 ⑰ 选中图层 1，按 P 键，展开"位置"属性，设置"位置"数值为 176.4,357.2，如图 10-82 所示。"合成"面板中的效果如图 10-83 所示。

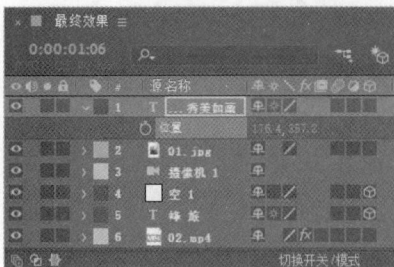

图 10-82

图 10-83

步骤⑱ 保持时间标签在 0:00:01:06 的位置，按 Alt+ [组合键设置动画的入点，如图 10-84 所示。文字效果制作完成。

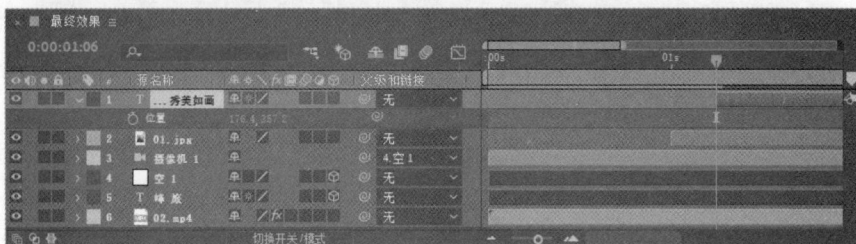

图 10-84

10.2.3 【相关知识】

1. 创建和设置摄像机

创建和设置摄像机的方法很简单，选择"图层 > 新建 > 摄像机"命令，或按 Ctrl+Shift+Alt+C 组合键，在弹出的对话框中进行设置，如图 10-85 所示，单击"确定"按钮，完成设置。

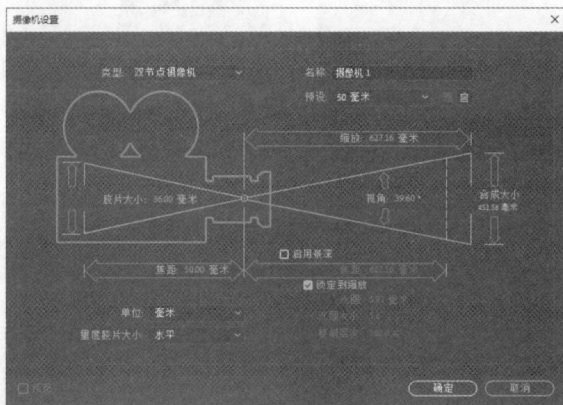

图 10-85

类型：用于设置摄像机类型，包括"单节点摄像机""双节点摄像机"。

名称：设定摄像机名称。

预设：摄像机预设，此下拉列表中包含 9 种常用的摄像机镜头，有标准的"35 毫米"镜头、"15 毫米"广角镜头、"200 毫米"长焦镜头以及自定义镜头等。

单位：选择在"摄像机设置"对话框中使用的参数单位，包括"像素""英寸""毫米"3 个选项。

量度胶片大小：设置"胶片尺寸"的基准方向，包括"水平""垂直""对角"3 个选项。

缩放：设置摄像机到图像的距离。"缩放"值越大，通过摄像机显示的图层就越大，视野也就相应地减小。

视角：视角越大，视野越宽，相当于广角镜头；视角越小，视野越窄，相当于长焦镜头。调整此参数时，"焦距""缩放""光圈"3 个值也会发生相应变化。

焦距（左）：焦距是指胶片和镜头之间的距离。焦距越短，广角效果越突出；焦距越长，长焦效果越明显。

启用景深：是否打开景深功能，常配合"焦距""光圈""光圈大小""模糊层次"参数使用。

焦距（右）：焦点距离，确定从摄像机镜头到图像最清晰位置的距离。

光圈：设置光圈大小。不过在 After Effects 中，光圈大小与曝光没有关系，仅影响景深的大小。光圈越大，前后图像清晰的范围越小。

光圈大小：快门速度，此参数与"光圈"互相影响，会影响景深的模糊程度。

模糊层次：控制景深的模糊程度，值越大，模糊效果越明显，值为 0%时，则不对景深进行模糊处理。

2. 利用工具移动摄像机

工具栏中有 4 个移动摄像机的工具，在当前摄像机移动工具上按住鼠标左键，会弹出其他摄像机移动工具，可按 C 键在这 4 个工具之间切换，如图 10-86 所示。

图 10-86

统一摄像机工具█：合并以下几种摄像机移动工具的功能，使用 3 键鼠标的不同按键可以灵活地变换操作，鼠标左键为旋转，中键为平移，右键为推拉。

轨道摄像机工具█：以目标对象为中心点旋转摄像机。

跟踪 XY 摄像机工具█：在垂直方向或水平方向上平移摄像机。

跟踪 Z 摄像机工具█：拉近、推远摄像机镜头，也就是让摄像机在 z 轴上平移。

3. 摄像机和灯光的入点与出点

在默认状态下，新建立的摄像机和灯光的入点和出点与合成项目的入点和出点一致，即摄像机和灯光作用于整个合成项目中。为了设置多台摄像机或者多个灯光在不同时间段起作用，可以修改摄像机或者灯光的入点和出点，改变其持续时间，这样就可以方便地实现多台摄像机或者多个灯光在时间上的切换，如图 10-87 所示。

图 10-87

10.2.4　【实战演练】——制作文字变色效果

使用"导入"命令导入素材文件，使用"摄像机"命令制作文字动画效果。最终效果参看云盘中的"Ch10 > 制作文字变色效果 > 制作文字变色效果.aep"，如图 10-88 所示。

图 10-88

10.3　综合案例——制作摄影机动画效果

使用"缩放"属性制作缩放动画，使用"空对象"命令创建空白图层，使用"锚点"属性和"Y轴旋转"属性制作动画效果，使用"摄像机"命令添加摄像机。最终效果参看云盘中的"Ch10 > 制作摄像机动画效果 > 制作摄像机动画效果.aep"，如图 10-89 所示。

图 10-89

10.4　综合案例——制作旋转文字效果

使用"导入"命令导入图片，使用三维属性制作三维效果，使用"Y 轴旋转"属性和"缩放"属性制作文字动画。最终效果参看云盘中的"Ch10 > 制作旋转文字效果 > 制作旋转文字效果.aep"，如图 10-90 所示。

图 10-90

11

第 11 章
渲染与输出

对于制作完成的影片，可以通过渲染输出将其制作成在不同的设备上都能播放的影片，以方便影片的传播。本章主要讲解 After Effects 的渲染与输出功能。通过对本章的学习，读者可以掌握渲染与输出的方法和技巧。

课堂学习目标

✓ 熟练掌握渲染的设置方法
✓ 掌握输出的方法和形式

素养目标

✓ 培养工作流程优化思维

11.1　渲染

渲染是影视制作过程中的最后一步，也是相当关键的一步。即使前面的制作再精妙，不正确的渲染也会导致作品失败，渲染方式会影响影片最终呈现的效果。

After Effects 可以将合成项目渲染输出成视频文件、音频文件和序列图片等。输出的方式有两种：一种是选择"文件 > 导出"命令直接输出单个合成项目；另一种是选择"合成 > 添加到渲染队列"命令，将一个或多个合成项目添加到渲染队列中，逐一批量输出，如图 11-1 所示。

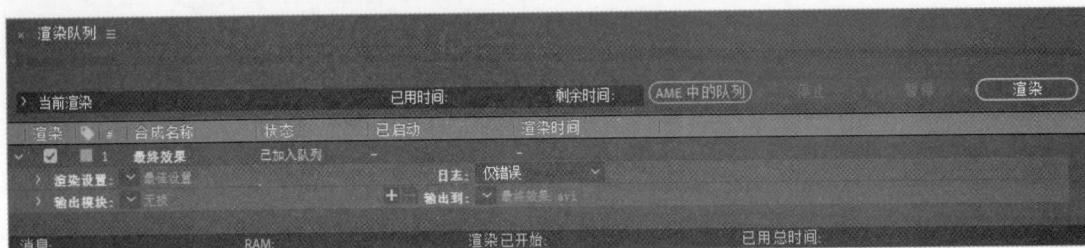

图 11-1

其中，通过"文件 > 导出"命令输出时，可选的格式和解码方式较少；通过"合成 > 添加到渲染队列"命令输出时，可以进行非常高级的专业控制，并支持多种格式和解码方式。因此，这里主要介绍如何使用"渲染队列"面板进行输出，掌握了其用法，就掌握了使用"文件 > 导出"命令输出影片的方法。

11.1.1　"渲染队列"面板

在"渲染队列"面板中可以控制整个渲染进程，调整各个合成项目的渲染顺序，设置每个合成项目的渲染质量、输出格式和保存路径等。在将项目添加到渲染队列时，"渲染队列"面板将自动打开，如果不小心关闭了该面板，也可以选择"窗口 > 渲染队列"命令，或按 Ctrl+Shift+0 组合键，再次打开此面板。

单击"当前渲染"左侧的小箭头按钮，显示的信息如图 11-2 所示，主要包括当前正在渲染的合成项目的进度、正在执行的操作、当前输出的路径、文件大小、最终估计文件大小、可用磁盘空间等。

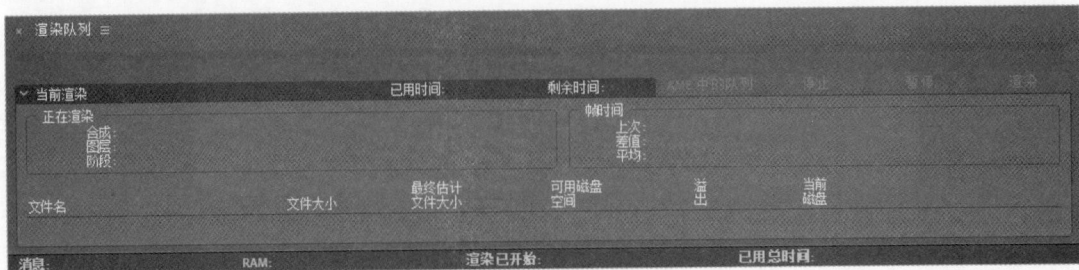

图 11-2

渲染队列区如图 11-3 所示。

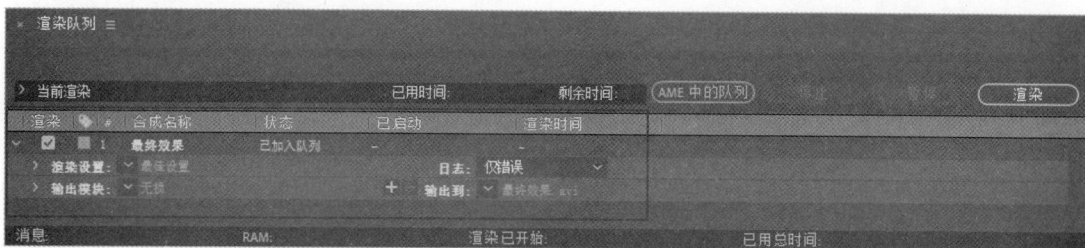

图 11-3

需要渲染的合成项目将逐一排列在渲染队列中，在此，可以设置项目的"渲染设置"、"输出模块"（输出模式、格式和解码方式等）、"输出到"（文件名和保存路径）等。

渲染：是否进行渲染操作，只有选中的合成项目才会被渲染。

：选择标签颜色，用于区分不同类型的合成项目，以便用户识别。

＃：队列序号，决定渲染的顺序，可以上下拖曳合成项目以改变其渲染顺序。

合成名称：合成项目的名称。

状态：当前状态。

已启动：渲染开始的时间。

渲染时间：渲染花费的时间。

单击"渲染设置""输出模块"选项左侧的小箭头按钮，展开具体设置信息，如图 11-4 所示。单击按钮可以选择已有的设置，单击当前设置标题，可以打开具体的设置对话框。

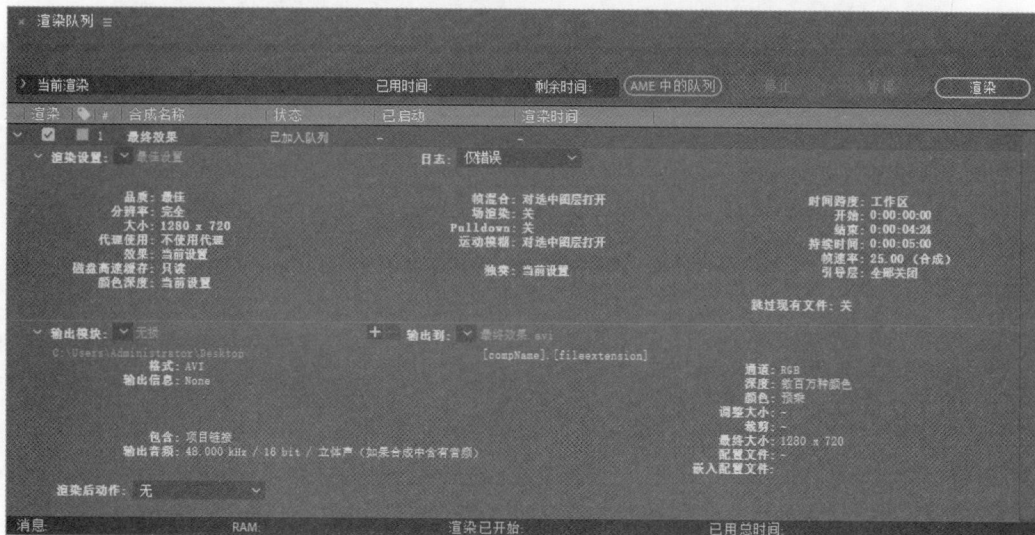

图 11-4

11.1.2 渲染设置

渲染设置的方法为：单击"渲染设置"右侧的"最佳设置"文字按钮，弹出"渲染设置"对话框，如图 11-5 所示。

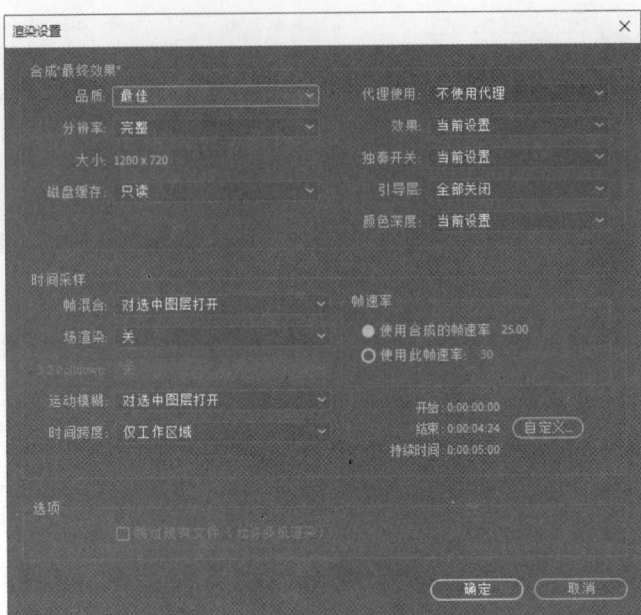

图 11-5

1. 合成设置区

合成设置区界面如图 11-6 所示，其中各选项的介绍如下。

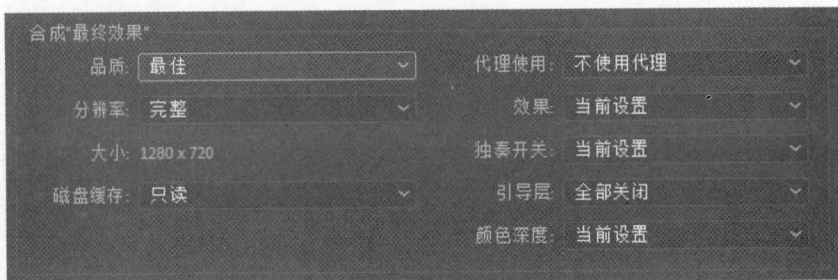

图 11-6

品质：设置图层质量。"当前设置"表示采用各图层的当前设置，即根据时间轴面板中各图层的画质设定而定；"最佳"表示全部采用最好的质量（忽略各图层的质量设置）；"草图"表示全部采用粗略质量（忽略各图层的质量设置）；"线框"表示全部采用线框模式（忽略各图层的质量设置）。

分辨率：设置像素采样质量，包括"完整""二分之一""三分之一""四分之一"等选项；另外，还可以选择"自定义"选项，在弹出的"自定义分辨率"对话框中自定义分辨率。

磁盘缓存：设置是否采用"首选项"对话框（选择"编辑 > 首选项"命令打开）中的媒体和磁盘缓存设置，如图 11-7 所示。选择"只读"选项表示不采用当前"首选项"对话框中的设置，而且在渲染过程中，不会有任何新的帧被写入内存缓存中。选择"当前设置"选项表示采用"首选项"对话框中的设置进行渲染。

代理使用：设置是否使用代理素材。"当前设置"表示采用"项目"面板中各素材当前的设置，"使用所有代理"表示全部使用代理素材进行渲染，"仅使用合成的代理"表示只对合成项目使用代理素材，"不使用代理"表示全部不使用代理素材。

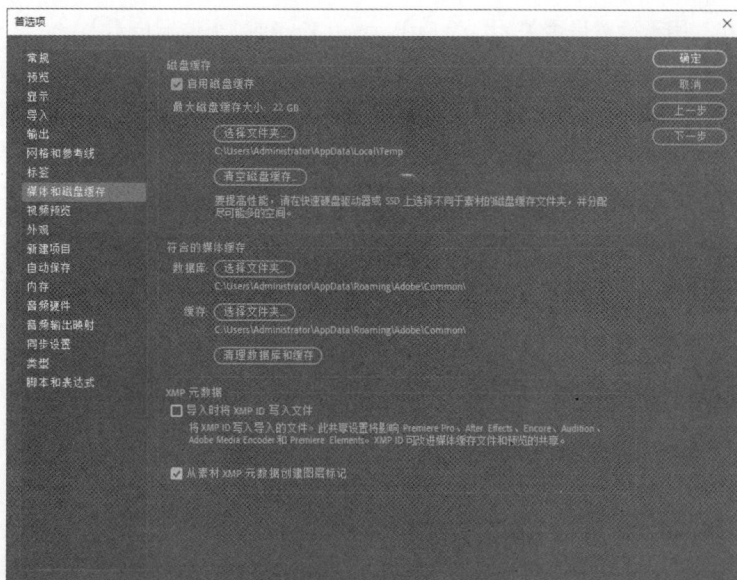

图 11-7

效果：设置是否采用特效滤镜。"当前设置"表示采用时间轴面板中各个特效当前的设置；"全部开启"表示启用所有的特效滤镜，即使某些滤镜 fx 处于暂时关闭状态；"全部关闭"表示关闭所有特效滤镜。

独奏开关：指定是否只渲染时间轴面板中"独奏"开关 ◎ 开启的图层，选择"全部关闭"选项表示不考虑独奏开关。

引导层：指定是否只渲染参考图层。

颜色深度：选择色深。如果是标准版的 After Effects，则设有"每通道 8 位""每通道 16 位""每通道 32 位"3 个选项。

2. "时间采样"设置区

"时间采样"设置区界面如图 11-8 所示，其中各选项的介绍如下。

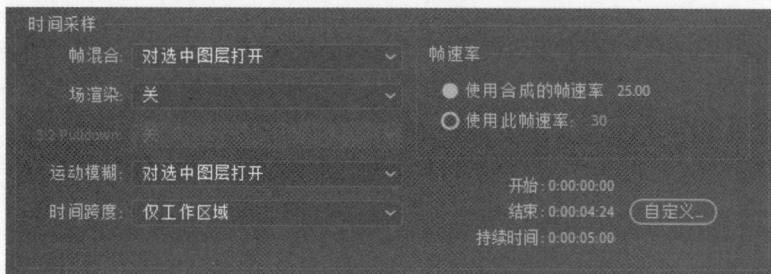

图 11-8

帧混合：设置是否使用帧混合功能。"当前设置"表示根据当前时间轴面板中帧混合开关 ■ 的状态和各个图层帧混合的状态，决定是否使用帧混合功能；"对选中图层打开"表示忽略帧混合开关 ■ 的状态，对所有设置了帧混合的图层应用帧混合功能；"对所有图层关闭"表示不启用帧混合功能。

场渲染：指定是否采用场渲染方式。"关"表示渲染成不含场的视频影片，"高场优先"表示渲染成上场优先的含场的视频影片，"低场优先"表示渲染成下场优先的含场的视频影片。

3∶2 Pulldown：用于设置是否关闭 3∶2 Pulldown（一种帧率适配技术）。

运动模糊：选择是否采用运动模糊。"当前设置"表示根据当前时间轴面板中"运动模糊"开关  的状态和各个图层运动模糊的状态，决定是否使用运动模糊功能；"对选中图层打开"表示忽略"运动模糊"开关，对所有设置了运动模糊的图层应用运动模糊效果；"对所有图层关闭"表示不启用运动模糊功能。

时间跨度：定义当前合成项目渲染的时间范围。"合成长度"表示渲染整个合成项目，即输出影片的时长等于合成项目的持续时间；"仅工作区域"表示根据时间轴面板中设置的工作环境范围来设定渲染的时间范围（按 B 键，工作范围开始；按 N 键，工作范围结束）；"自定义"表示自定义渲染的时间范围。

使用合成的帧速率：使用合成项目中设置的帧速率。

使用此帧速率：使用此处设置的帧速率。

3. "选项"设置区

"选项"设置区如图 11-9 所示。

图 11-9

跳过现有文件（允许多机渲染）：勾选此复选框将自动忽略已存在的序列图片，即忽略已经渲染的序列帧图片，此功能主要用在网络渲染时。

11.1.3　输出组件设置

渲染设置完成后，设置输出模式，如设置输出的格式和解码方式等。单击"输出模块"右侧的"无损"文字按钮，弹出"输出模块设置"对话框，如图 11-10 所示。

1. 基础设置区

基础设置区如图 11-11 所示，其中各选项的介绍如下。

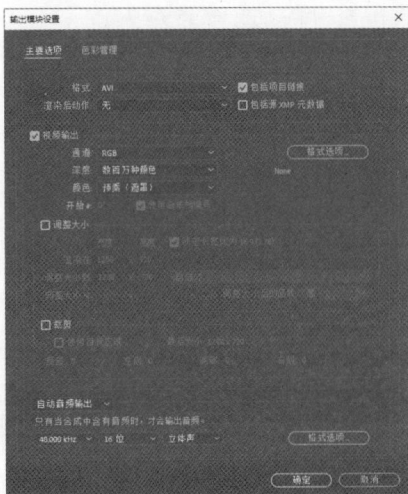

图 11-10

图 11-11

格式：设置输出的文件格式，包括 QuickTime、AVI、"JPEG"序列、WAV 等。

渲染后动作：指定 After Effects 是否使用刚渲染的文件作为素材或者代理素材。"导入"表示文件渲染完成后，自动作为素材置入当前项目中；"导入和替换用法"表示文件渲染完成后，自动置入项目中以替代合成项目，包括这个合成项目被嵌入其他合成项目中的情况；"设置代理"表示文件渲染完成后，作为代理素材置入项目中。

2. 视频设置区

视频设置区如图 11-12 所示，其中各选项的介绍如下。

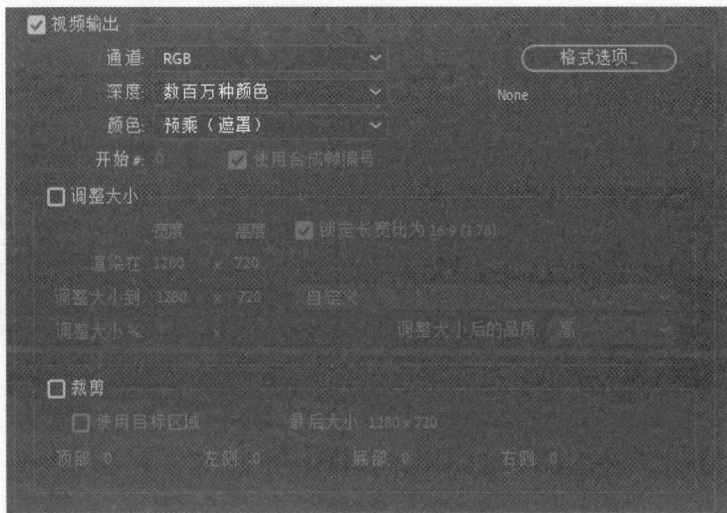

图 11-12

视频输出：选择是否输出视频信息。

通道：选择输出的通道，包括"RGB"（3 个色彩通道）、"Alpha"（仅输出 Alpha 通道）和"RGB+Alpha"（三色通道和 Alpha 通道）。

深度：选择色深。

颜色：指定输出的视频包含的 Alpha 通道为哪种模式，有"直接（无遮罩）"模式和"预乘（遮罩）"模式。

开始#：当选择的输出格式是序列图片时，可以指定序列图片的文件名序列数，为了方便识别，也可以选择"使用合成帧编号"选项，让输出的序列图片的数字与其帧数字相同。

格式选项：用于选择视频的编码方式。虽然之前确定了输出格式，但是每种文件格式又有多种编码方式，不同的编码方式会生成质量完全不同的影片，最后产生的文件大小也会有所不同。

调整大小：设置是否对画面进行缩放处理。

调整大小到：设置缩放的具体尺寸，也可以从右侧的下拉列表中选择。

调整大小后的品质：选择缩放质量。

锁定长宽比为：设置是否强制长宽比为特殊比例。

裁剪：设置是否裁切画面。

使用目标区域：仅采用"合成"面板中目标区域工具▣确定的画面区域。

顶部、左侧、底部、右侧：设置被裁切掉的像素尺寸。

3. 音频设置区

音频设置区如图 11-13 所示，其中各选项的介绍如下。

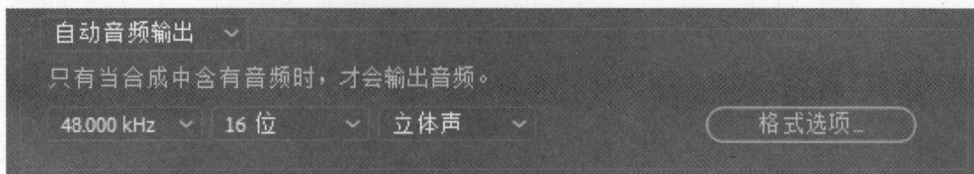

图 11-13

自动音频输出：设置是否输出音频信息。

格式选项：选择音频的编码方式，也就是用什么方式压缩音频信息。

音频质量设置：包括赫兹、比特、立体声或单声道设置。

11.1.4　渲染设置和输出预设

虽然 After Effects 提供了许多的渲染设置和输出预设，不过可能还是不能满足用户的个性化需求。用户可以将常用的设置存储为自定义的预设，以后进行输出操作时，不需要反复设置，只需要单击 ■ 按钮，在弹出的下拉列表中进行选择。

"渲染设置模板"对话框和"输出模块模板"对话框如图 11-14 和图 11-15 所示，可以选择预设的渲染设置和输出设置，打开对话框的方法是选择"编辑 > 模板 > 渲染设置"命令和"编辑 > 模板 > 输出模块"命令。

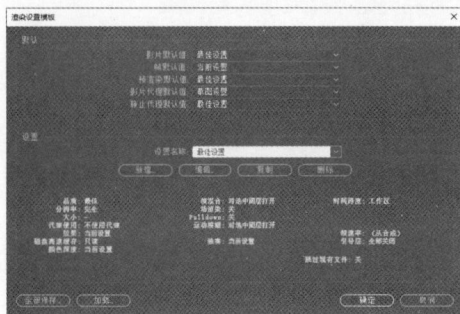

图 11-14

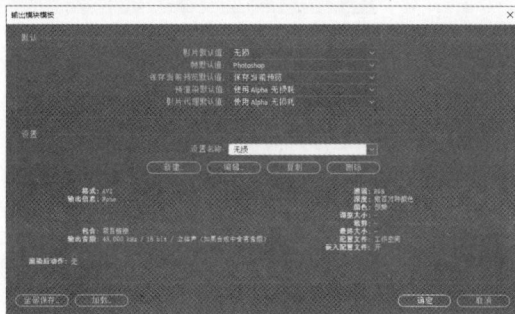

图 11-15

11.1.5　编码和解码问题

完全不压缩的视频和音频的数据量是非常庞大的，因此在输出时需要通过特定的压缩技术对数据进行压缩处理，以减小最终的文件量，便于传输和存储。输出时，需要选择恰当的编码器，播放时，需要使用相应的解码器解压还原画面。

目前视频流传输中最为重要的编码标准有 H.261、H.263、M-JPEG 和 MPEG 系列标准，此外互联网上广泛应用的编码标准还有 RealVideo、WMT 以及 QuickTime 等。

对于.avi 格式，现在流行的编码和解码方式有 Xvid、MPEG-4、DivX、Microsoft DV 等；对于苹果公司的 QuickTime 视频格式（.mov），比较流行的编码和解码方式有 MPEG-4、H.263、Sorenson Video 等。

在输出时，最好选择常用的编码器和文件格式，或者目标客户平台共有的编码器和文件格式，否则，在其他播放环境中播放时，可能会因为缺少解码器或相应的播放器而无法看见视频画面或者听到声音。

11.2　输出

可以将设计制作好的视频以多种方式输出，如输出标准视频、输出合成项目中的某一帧等。下面介绍视频输出方式。

11.2.1　输出标准视频

1. 在"项目"面板中选择需要输出的合成项目。
2. 选择"合成 > 添加到渲染队列"命令，或按 Ctrl+M 组合键，将合成项目添加到渲染队列中。
3. 在"渲染队列"面板中设置渲染属性、输出格式和输出路径。
4. 单击"渲染"按钮，开始渲染，如图 11-16 所示。

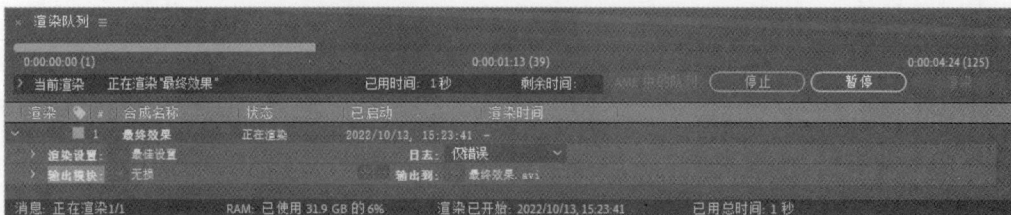

图 11-16

5. 如果需要将此合成项目渲染成多种格式，可以在第 3 步之后选择"图像合成 > 添加输出组件"命令，添加输出格式和指定其他输出路径、名称，这样可以方便地做到一次创建、任意发布。

11.2.2　输出合成项目中的某一帧

1. 在时间轴面板中将时间标签移到目标帧处。
2. 选择"合成 > 帧另存为 > 文件"命令，或按 Ctrl+Alt+S 组合键，将渲染任务添加到渲染队列中。
3. 单击"渲染"按钮，开始渲染。如果选择"合成 > 帧另存为 > Photoshop 图层"命令，会打开"文件存储"对话框，在其中设置文件存储路径和文件名即可完成单帧画面的输出。

12

第 12 章
综合设计实训

本章结合多个应用领域的商业案例，通过项目背景及要求和项目创意及制作，进一步详细讲解 After Effects 强大的功能。通过学习这些商业案例，读者可以快速掌握视频特效的使用和软件操作，设计制作出优秀的作品。

课堂学习目标

- ✓ 掌握广告的制作
- ✓ 掌握纪录片的制作
- ✓ 掌握电子相册的制作
- ✓ 掌握短片的制作
- ✓ 掌握片头的制作
- ✓ 掌握电视栏目的制作
- ✓ 掌握 MG 动画的制作

素养目标

- ✓ 养成定期整理和分类的习惯

12.1 广告制作——制作锅具广告

12.1.1 【项目背景及要求】

1. 客户名称

飞乐达厨具公司。

2. 客户需求

飞乐达是一家知名的厨具品牌，专注于设计和销售高品质的厨具，现希望通过一段引人入胜的视频广告，展示最新系列锅具的卓越品质和多功能性，以提高品牌的市场认知度和吸引力。广告需要能够生动地展示产品的创新设计和实用价值，打动观众并激发其购买欲望。

3. 设计要求

（1）广告要清晰展示锅具的外观设计，突出产品的细节和实用性能。

（2）设计要简洁明确，能体现宣传主题。

（3）通过精心选择的画面使观众与广告内容产生共鸣。

（4）设计形式多样，在细节的处理上要细致、独特。

（5）设计规格均为 1280 px（宽）×720 px（高），采用方形像素，帧速率为 25 帧/s。

12.1.2 【项目创意及制作】

1. 设计素材

图片素材所在位置：云盘中的"Ch12 > 制作锅具广告 >（Footage）> 01.jpg、0.2png～05.png、14.mp3"。

2. 设计作品

设计作品效果参看云盘中的"Ch12 > 制作锅具广告 > 制作锅具广告.aep"，如图 12-1 所示。

图 12-1

12.2 纪录片制作——制作寻花之旅纪录片

12.2.1 【项目背景及要求】

1. 客户名称

文化荟萃。

　2．客户需求

　　文化荟萃是一个致力于传播和弘扬人文风情的媒体平台，专注于制作和播放高质量的文化类节目，覆盖历史、艺术、传统习俗、音乐等多个领域，通过多样化的节目内容，让观众足不出户即可领略各地的独特风情。该平台现计划推出一部关于"寻花之旅"的纪录片，展示不同地区的花卉美景和文化遗产，并吸引更多观众了解该平台，提升平台的知名度和市场竞争力。

　3．设计要求

　　（1）画面突出景点和花卉，表现出纪录片的特色。

　　（2）注重视觉美感与音效，营造出令人愉悦和身临其境的观影体验。

　　（3）设计风格统一、有连续性，能直观地表现宣传主题。

　　（4）设计规格均为 1280 px（宽）×720 px（高），采用方形像素，帧速率为 25 帧/s。

12.2.2　【项目创意及制作】

　1．设计素材

　　图片素材所在位置：云盘中的"Ch12 > 制作寻花之旅纪录片 > (Footage) > 01.mp4 ~ 04.mp4、05.png、06.png"。

　2．设计作品

　　设计作品效果参看云盘中的"Ch12 > 制作寻花之旅纪录片 > 制作寻花之旅纪录片.aep"，如图 12-2 所示。

制作寻花之旅
纪 录 片

图 12-2

12.3　电子相册制作——制作草原美景相册

12.3.1　【项目背景及要求】

　1．客户名称

　　卡嘻摄影工作室。

　2．客户需求

　　卡嘻摄影工作室是摄影行业比较有实力的摄影工作室，工作室运用艺术家的眼光捕捉独特瞬间，使照片的艺术性和个性得到充分的体现。现需要制作草原美景相册，要求突出表现大草原独特的人文风光。

3. 设计要求

（1）相册要具有极强的表现力。

（2）使用颜色和效果烘托出人物特有的个性。

（3）设计要富有创意，体现出精彩的草原生活。

（4）设计规格均为 1280 px（宽）×720 px（高），采用方形像素，帧速率为 25 帧/s。

12.3.2 【项目创意及制作】

1. 设计素材

图片素材所在位置：云盘中的"Ch12 > 制作草原美景相册 >（Footage）> 01.jpg、02png ~ 04.png"。

2. 设计作品

设计作品效果参看云盘中的"Ch12 > 制作草原美景相册 > 制作草原美景相册.aep"，如图 12-3 所示。

图 12-3

12.4 短片制作——制作最美中轴线短片

12.4.1 【项目背景及要求】

1. 客户名称

时尚生活电视台。

2. 客户需求

时尚生活电视台是全方位介绍衣、食、住、行等资讯的时尚生活类电视台，现在要求制作最美中轴线短片，短片要体现出中轴线沿线的独特景观和文化遗产，吸引观众对这一文化瑰宝的关注。电视台希望通过这部短片，提升中轴线的知名度和旅游吸引力，同时传递出保护和传承文化遗产的重要性。

3. 设计要求

（1）短片应结合全景镜头和特写镜头，全面展示中轴线的标志性景观和建筑。

（2）通过旁白和字幕介绍沿线的历史和文化背景，增加短片的深度和教育意义。

（3）确保画面的视觉美感。背景音乐搭配适宜，营造出庄重的氛围。

（4）设计规格均为 1280 px（宽）×720 px（高），采用方形像素，帧速率为 25 帧/s。

12.4.2 【项目创意及制作】

1. 设计素材

图片素材所在位置：云盘中的"Ch12 > 制作最美中轴线短片 > (Footage) > 01.mp4 ~ 05.mp4、06.png、07.mp3"。

2. 设计作品

设计作品效果参看云盘中的"Ch12 > 制作最美中轴线短片 > 制作最美中轴线短片.aep"，如图 12-4 所示。

图 12-4

12.5 片头制作——制作都市生活节目片头

12.5.1 【项目背景及要求】

1. 客户名称

创维自媒体公司。

2. 客户需求

创维自媒体公司是一家致力于为观众提供生活资讯的媒体公司，覆盖美食、时尚、文化和夜生活等多个领域。为了进一步提升品牌影响力和观众黏性，公司计划推出一档全新的都市生活节目。为此，公司需要制作一段引人入胜的节目片头，以抓住观众的眼球。

3. 设计要求

（1）整体效果能展示出城市的繁忙和活力。

（2）片头中应展示多样化的都市生活场景，包括美食、文化等。

（3）要求整体设计对比感强烈，能迅速吸引观众注意。

（4）配乐能够与片头的快速剪辑相匹配，以增强观众的投入感。

（5）设计规格为 1280 px（宽）×720 px（高），采用方形像素，帧速率为 25 帧/s。

12.5.2 【项目创意及制作】

1. 设计素材

图片素材所在位置：云盘中的"Ch12 > 制作都市生活节目片头 > (Footage) > 01.mp4 ~ 07.mp4、08.mp3"。

2. 设计作品

设计作品效果参看云盘中的"Ch12 > 制作都市生活节目片头 > 制作都市生活节目片头.aep",
如图 12-5 所示。

图 12-5

12.6　电视栏目制作——制作手艺人生栏目

12.6.1　【项目背景及要求】

1. 客户名称

文化之窗。

2. 客户需求

文化之窗是一家专注于人文经典和历史文化传播的电视频道,通过高质量的节目,展示各地的历史文化遗产、经典艺术作品和人文故事,提升观众对人文经典的理解和欣赏水平。现需要制作一档名为"手艺人生"的栏目。该栏目旨在展示传统手工艺人的技艺和故事,传递手工艺的魅力和传承价值,同时增强人们对非物质文化遗产的保护意识。

3. 设计要求

(1)要突出手工艺品的精美细节和工匠的精湛技艺。

(2)要展现出工匠故事与传承背景,体现栏目的情感深度和人文关怀

(3)确保画面的视觉美感和整体的听觉享受,提升观众的观赏体验。

(4)设计要求表现栏目特色,整体设计搭配合理,并且富有变化。

(5)设计规格为 1280 px(宽)×720 px(高),采用方形像素,帧速率为 25 帧/s。

12.6.2　【项目创意及制作】

1. 设计素材

图片素材所在位置:云盘中的"Ch12 > 制作手艺人生栏目 > (Footage) > 01.mp4 ~ 05.mp4、06.png、07.mp3"。

2. 设计作品

设计作品效果参看云盘中的"Ch12 > 制作手艺人生栏目 > 手艺人生栏目.aep",如图 12-6 所示。

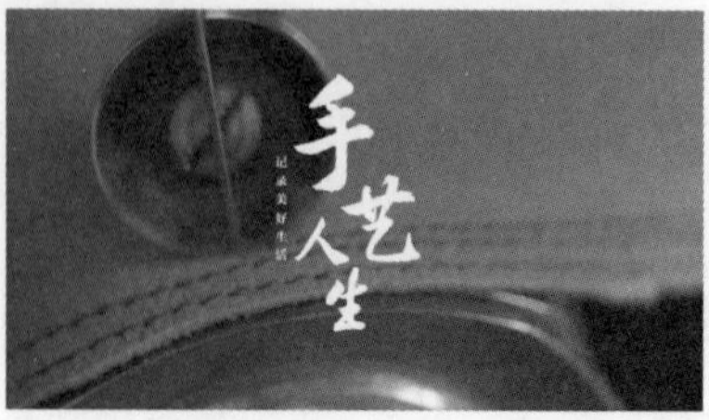

图 12-6

制作手艺人生栏目

12.7 MG 动画制作——制作环保主题 MG 动画

12.7.1 【项目背景及要求】

1. 客户名称

绿色先锋科技有限公司。

2. 客户需求

绿色先锋科技有限公司是一家致力于废弃物管理和资源回收的创新型环保企业，通过科学的废弃物管理和资源回收服务，减少废弃物对环境的影响，推动资源的循环利用，实现可持续发展。该公司希望制作一段环保主题的 MG 动画，旨在通过生动有趣的方式，向观众传达环保理念和行动指南，提升公众的环保意识和参与度。该公司希望动画能够简明扼要地传达信息，吸引不同年龄段的观众。

3. 设计要求

（1）动画内容要简洁明了，避免过于复杂的叙述。

（2）采用明亮、活泼的色彩和有趣的图形设计，吸引观众的注意力。

（3）采用扁平化设计，以增强动画的亲和力和趣味性。

（4）动画要突出环保主题，明确传达保护环境的重要性。

（5）设计规格均为 1280 px（宽）×720 px（高），采用方形像素，帧速率为 25 帧/s。

12.7.2 【项目创意及制作】

1. 设计素材

图片素材所在位置：云盘中的“Ch12 > 制作环保主题 MG 动画 > (Footage) > 01.psd、02.mp3”。

2. 设计作品

设计作品效果参看云盘中的“Ch12 > 制作环保主题 MG 动画 > 制作环保主题 MG 动画. aep”，如图 12-7 所示。

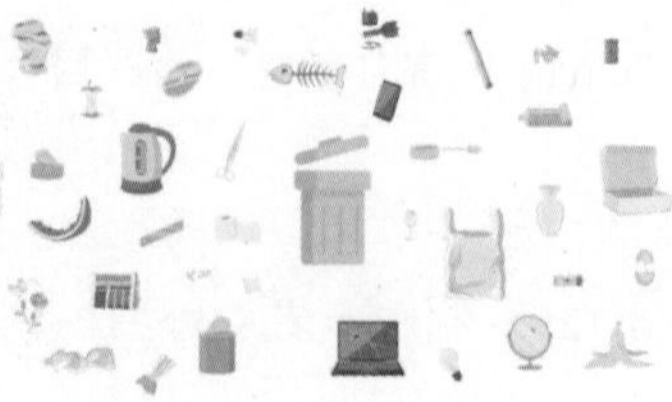

制作环保主题 MG 动画

图 12-7